U0417374

à la

# FOLIE

# 疯狂烘焙

## 法国名店大师招牌糕点秘方

[法]拉斐尔·马夏尔 著
张 婷 译

中国轻工业出版社

**图书在版编目（CIP）数据**

疯狂烘焙：法国名店大师招牌糕点秘方 /（法）拉斐尔·马夏尔著；张婷译. —北京：中国轻工业出版社，2018.4

ISBN 978-7-5184-1883-1

Ⅰ.①疯… Ⅱ.①拉… ②张… Ⅲ.①烘焙－糕点加工 Ⅳ.①TS213.2

中国版本图书馆 CIP 数据核字（2018）第 040918 号



责任编辑：高惠京　胡　佳　　责任终审：张乃柬　　整体设计：锋尚设计
策划编辑：高惠京　　责任校对：晋　洁　　责任监印：张京华

出版发行：中国轻工业出版社（北京东长安街6号，邮编：100740）
印　　刷：北京富诚彩色印刷有限公司
经　　销：各地新华书店
版　　次：2018年4月第1版第1次印刷
开　　本：787×1092　1/16　印张：10
字　　数：300 千字
书　　号：ISBN 978-7-5184-1883-1　定价：128.00元
邮购电话：010-65241695
发行电话：010-85119835　传真：85113293
网　　址：http://www.chlip.com.cn
Email：club@chlip.com.cn
如发现图书残缺请与我社邮购联系调换
170827S1X101ZYW

# 前言

# PRÉFACE

吃一块糕点，看似非常简单，咬一口下去，香味弥漫开来，品味过后，迅速咽下，这就完成了吃的所有步骤。但烘焙并没有这么简单，从面包房里的糕点，到宫廷里的珍品，再到众多甜品店，所有的烘焙师们逐渐在一点上达成共识，那就是尊重自然，听从自然和时令的要求。不该在覆盆子还未长出时就去制作覆盆子挞，这就像把犁放在牛的前面，既不自然，也不符合规律。

每一位烘焙师往往也有烹饪大师的一面，因为在制作糕点的时候，他们也会调味、浸泡、煎煮。烘焙的甜蜜是真实的、美妙的。糕点应季而生，它们的不同带给烘焙无尽的新奇和魅力。

有的烘焙师制作糕点的灵感来自童年记忆，还有的则来自法国传统美食。有人从雕塑中汲取新意，还有人的创作则得益于某种情感经历，或是来自一首歌曲。他们的想法和灵感带来前所未见和源源不断的创新。这本精美的图书向您展示了巧克力糕点、丰富的水果挞、旅行时可携带的饼干和蛋糕、速成蛋糕、榛子糕点，以及富有地方特色的、品质顶尖的水果。

当烘焙师完成一种糕点的制作后，它的命运就交给了未知。我们可不可以只吃圆蛋糕的心儿？或是去掉帝王饼上面的一层酥皮？再或者把双球泡芙的上半部分拿走？或许有人会舔掉特罗佩蛋糕上的奶油，留下剩余的部分？再想想，会不会有人把酥脆的布列塔尼莎布蕾饼干遗落在雨天的摩托车上呢？烘焙师的工作在糕点完成的那一刻就结束了，之后会怎么样，谁能知道？问题是给每一个人的，糕点们会有不同的命运。也许有人会使用刀叉来品尝，或者就用手拿着，用勺子，在街头，用两只手，在床边，在餐桌上，在盒子里，任何人们喜欢的、感到舒服的方式都是可能的，糕点的命运是不同的。

下一个糕点诞生的时候，又是全新的开始。

# 目 录
# SOMMAIRE

# 焦糖闪电泡芙

# ÉCLAIR CARAMEL

## 克里斯托弗·亚当（天才闪电泡芙甜品店）

CHRISTOPHE ADAM (L'ÉCLAIR DE GÉNIE)

**在小小的闪电泡芙世界里，他打造出一个王国，一个只属于天才的灵感王国**

在法国奢华美食品牌“馥颂”就职15年之后，克里斯托弗·亚当决定改变现状，他确定了自己未来的发展方向——制作闪电泡芙。他摒弃了一切烘焙中不感兴趣的方面，专注于制作一种新鲜、美味又简约的烘焙美食，将闪电泡芙做到极致。如今，他的泡芙品牌在全世界已经拥有23家门店，这些门店也制作其他美食，如巴赫挞、冰激凌闪电泡芙和糖果。这款焦糖闪电泡芙的咸味能充分调动您的味觉，内部填充的馅料和外部装饰的焦糖十分诱人。为了制作出这样完美的作品，克里斯托弗进行了无数次尝试，配方历经了二十多次变动，才最终固定下来。泡芙一入口即带来无法抵挡的香浓美味，接着是泡芙酥脆的口感，最后是焦糖与泡芙完美融合带来的诱人咸味。

### 11个闪电泡芙

准备时间：1小时　静置时间：2小时

制作时间：35分钟

### 材料

**泡芙酥皮**

- 水55克
- 牛奶55克
- 黄油55克
- 盐2克
- 白砂糖2克
- 香草汁3克
- T55面粉55克
- 鸡蛋95克

**焦糖翻糖**

- 白砂糖30克
- 葡萄糖20克
- 脂肪含量为35%的淡奶油55克
- 半盐黄油5克
- 白色翻糖240克

**焦糖奶油**

- 明胶粉1克
- 水7克
- 白砂糖90克
- 脂肪含量为35%的淡奶油115克
- 黄油56克
- 盐霜1小撮
- 马斯卡彭奶酪175克

**装饰和收尾**

- 珍珠巧克力球10克
- 颗粒状小块巧克力10克
- 甜点装饰用金棕色闪光粉足量

### 制作

**泡芙酥皮**

混合加热牛奶、水、黄油、盐、白砂糖和香草汁。待混合物沸腾后，立即倒入所有面粉，用刮刀快速搅拌。离火后继续搅拌，直至面糊不粘锅沿为止。将面糊倒入电动打蛋器中，中速搅拌，慢慢加入鸡蛋。当混合物变得柔滑、均匀、有光泽时，将其倒入裱花嘴直径15毫米的裱花袋中，制作长11厘米的闪电泡芙酥皮。将烤箱温度设置为250℃，然后将泡芙酥皮放入烤箱烤制12～16分钟，当酥皮膨胀后，将温度调至160℃，继续烤制20分钟。

**焦糖奶油**

将明胶粉在水中浸泡5分钟。将白砂糖放在平底锅中，中火加热，直至糖的颜色变为棕色，倒入到已融化的热奶油中。注意一定要使用热奶油，以免冷奶油突然遇热后溢出。加入黄油和盐霜。待混合物冷却至50℃后放入明胶。将冷却到45℃的混合物淋在马斯卡彭奶酪上，用电动打蛋器搅拌。在冰箱中冷藏至少2小时。

**焦糖翻糖**

将白砂糖和葡萄糖倒在平底锅中，中火加热，直至糖的颜色变为棕色，倒入热奶油。将混合物加热至109℃，加入半盐黄油。取出混合物，使其自然冷却成焦糖。用刮刀把还有热度的焦糖和轻微加热的翻糖混合。焦糖翻糖的最佳使用温度为30℃左右。

**装饰和收尾**

在密闭的容器中放入珍珠巧克力球、颗粒状小块巧克力和足量的甜点装饰用金棕色闪光粉。晃动容器，让巧克力块与闪光粉均匀混合。用焦糖奶油填充泡芙酥皮，再将泡芙蘸上焦糖翻糖。使用前，我们可以加热焦糖翻糖，保证它的光滑度。**小贴士：**最好时不时地搅拌焦糖翻糖，翻糖要在泡芙表面形成一层脆皮。最后撒上金棕色的巧克力颗粒与珍珠巧克力球即可。

L'ÉCLAIR
DE GÉNIE

# 普希金脆糖迷你泡芙

# POUCHKINETTE

朱利恩·阿尔瓦雷斯（普希金咖啡店）

JULIEN ALVAREZ (CAFÉ POUCHKINE)

**俄式风情与巴黎舒芙蕾的新融合**

朱利恩·阿尔瓦雷斯曾在巴黎的半岛酒店担任甜点主厨，离开半岛酒店后，他像自由的鸟儿一样，也不去寻找固定的巢穴，直到遇到了普希金咖啡店。在火车站、机场、转角的咖啡店，他奏响了烘焙界新的乐章，带来了一场视觉盛宴……普希金咖啡店联合朱利恩·阿尔瓦雷斯为您带来甜蜜的诱惑。不论甜点的大小还是口感都精确到极致，覆盖糖粒的奶油泡芙搭配万分柔滑的奶油酱、玫瑰、朗姆酒、果仁酱和焦糖……焦糖、顿加豆、焦糖棒糖果和原味太妃糖的融合，仿佛在他的神奇口袋里变出了魔法！朗姆酒和黑糖的搭配是他的最爱，醇厚又热烈。永远不要小看这些小点心……

## 50个脆糖迷你泡芙

**准备时间：** 1小时30分钟　**静置时间：** 12小时

**制作时间：** 20分钟

### 材料

**泡芙酥皮**

- 牛奶165克
- 黄油67克
- 盐3克
- 香草萃取汁12克
- 橙花水7克
- 香草糖3克
- 面粉100克
- 鸡蛋170克
- 10号糖足量

**朗姆酒黑糖奶油酱**

- 明胶1.5片
- 鲜奶油400克
- 黑糖50克
- 卡仕达酱90克
- 棕色朗姆酒30克

**卡仕达酱（可加量）**

- 牛奶100克
- 脂肪含量为35%以上的鲜奶油12克
- 白砂糖22克
- 香草荚1个
- 蛋黄20克
- 吉士粉6克
- 面粉6克
- 黄油6克

**装饰和收尾**

- 烘焙用装饰糖足量
- 脂溶性着色粉足量

### 制作

**泡芙酥皮**

混合加热牛奶、黄油、盐、香草萃取汁、橙花水和香草糖至沸腾。离火后，加入面粉，用刮刀使劲搅拌。将面糊文火加热两三分钟后放入电动打蛋器的搅拌槽中，逐步加入鸡蛋搅拌。当泡芙面糊变得均匀、柔滑时，立即倒入装有10号裱花嘴的裱花袋中。在烤盘上铺上烤纸，挤出直径2厘米左右的圆球，撒上10号糖粒。将泡芙放入烤箱，160℃烤20分钟。将烤好的迷你泡芙取出，放在烤架上降温。

**卡仕达酱**

将牛奶、奶油、10克白砂糖和去籽的香草荚放入平底锅中,混合加热至沸腾。混合蛋黄、剩余的糖、吉士粉和面粉，放入烤箱中稍烘烤一下，注意不要烤变色。挑出混合液中的香草荚，将混合液倒在烤好的面糊上，搅拌后将所有混合物重新放回平底锅中，加热至沸腾，不断搅拌以防煳锅。将平底锅离火，加入黄油，搅拌后，将混合物倒入托盘中。包上保鲜膜，在阴凉处保存。

**朗姆酒黑糖奶油酱**

将明胶泡入冷水中。混合加热奶油和黑糖至沸腾，加入融化的明胶。将热混合液浇在卡仕达酱和朗姆酒中。使用带刀头的手持均质机搅拌后，在阴凉处放置12小时。

**装饰和收尾**

打发朗姆酒黑糖奶油酱。将奶油酱倒入装有直径8毫米裱花嘴的裱花袋中。给每个迷你泡芙填馅，最后撒上装饰糖和着色粉装饰。

# 黑加仑黄柠檬奶酪蛋糕

# CHEESECAKE CASSIS ET CITRON JAUNE

尼古拉斯·巴仕耶尔（巴黎周日蛋糕店）

NICOLAS BACHEYRE (UN DIMANCHE À PARIS)

**“制作出一款如此美味却不太美观的蛋糕，真令人感到遗憾！”**

刚去美国的那一年，尼古拉斯·巴仕耶尔的烘焙事业并没有什么进步，对他来说，吃奶酪蛋糕是不可能的事。那些长毛的奶酪和反烘焙传统的制作方法都让他对美国的奶酪蛋糕望而却步。直至有一天，他打破了自己的禁忌，这是非常重要的一刻。如今，在美国的两年时光成了他最美好的回忆，回忆中还有美味的胡萝卜蛋糕。回到法国以后，他感叹“制作出一款如此美味却不太美观的蛋糕，真令人感到遗憾”。他一直畅想着能制作出有自己风格的奶酪蛋糕，正宗又美味、优雅又匀称。他用法式黑加仑果泥来代替传统的红果果酱，加入酸奶，带来适宜的酸度。他希望自己制作的蛋糕在入口时就给人带来软奶酪和黑加仑果酱的香味。他们的味道互不相容，从不，在口中不同的部位，分层的甜味和果香在回荡，之后留下绵长柔软的口感，接着品尝到酥脆的饼干的味道，黑加仑水果覆盖的外皮和白巧克力制作的美味腰封。

### 8块奶酪蛋糕

准备时间：2小时30分钟　静置时间：17小时
制作时间：20分钟

### 材料

**香草吉涅司蛋糕**
- 杏仁含量为66%的杏仁面糊 84克
- 白砂糖15克
- 鸡蛋94克
- 大米粉27克
- 泡打粉1克
- 淡黄油25克
- 香草荚1/2个

**黑加仑果酱**
- 黑加仑果泥165克
- 经过速冻的黑加仑270克
- 白砂糖①16克
- 白砂糖②34克
- NH果胶6克

**柠檬奶酪蛋糕底**
- 明胶粉5克
- 水①30克
- 奶油奶酪175克
- 白砂糖①35克
- 蛋黄①35克
- 白砂糖②65克
- 水②20克
- 蛋黄②40克
- 脂肪含量为35%的淡奶油260克
- 黄柠檬皮10克

**饼干**
- 淡黄油130克
- 红糖130克
- 精盐1.5克
- 杏仁粉32克
- 榛子粉97克
- 大米粉110克
- 可可脂20克
- 白巧克力75克

**黑加仑镜面**
- 黑加仑果泥56克
- 葡萄糖38克
- 无色镜面果胶540克
- 水310克
- 白砂糖47克
- NH果胶9克
- 红色着色剂足量
- 蓝色着色剂足量

**装饰和收尾**
- 白巧克力足量
- 新鲜黑加仑足量
- 花足量

## 制作

### 香草吉涅司蛋糕

将杏仁面糊和白砂糖一同放入电动打蛋器的搅拌槽中，使用叶状搅拌杆中速搅拌，直至白砂糖完全融化。加入1/3的鸡蛋液，继续搅拌，当鸡蛋完全渗入混合物后换上打蛋棒。逐步加入剩下的鸡蛋液，中速搅打直至打出带状纹路。**小贴士：**用刮刀刮起混合物时，混合物应该呈带状垂下。取出打蛋器的搅拌棒后，可继续使用刮刀进行搅拌。加入大米粉和过筛的泡打粉搅拌，最大限度地保留面糊中的空气，这样做出的蛋糕口感更好。融化淡黄油，并加入去籽的香草荚，充分混合。将混合物倒在铺有烤纸的烤盘上，要用方形的不锈钢模具控制面糊的形状，防止面糊在烘焙过程中流动、变形。将面糊放入烤箱，将温度调至170℃，烤制10分钟。时间到后，立即取出烤好的吉涅司蛋糕，冷冻保存，为后面的步骤做准备。

### 黑加仑果酱

在平底锅中倒入黑加仑果泥、冷冻过的黑加仑和白砂糖①加热。当温度达到60℃以后，将白砂糖②、NH果胶倒入混合物中，持续搅拌至沸腾。立即将沸腾的混合物浇在吉涅司蛋糕上，再涂抹均匀。将蛋糕放入冰箱冷冻至少4小时。到时间后取出，用直径为5厘米的圆形切模定形，再将蛋糕重新放入冰箱冷冻，直至装饰的步骤。

### 柠檬奶酪蛋糕底

将明胶粉泡入水①中。在不锈钢盆中混合奶油奶酪、白砂糖①和蛋黄①，用蛋抽搅拌均匀。将混合物倒入烤盘中，将烤箱温度调至90℃，烤制40分钟。烤好后包上保鲜膜，放入冰箱冷藏至少4小时。时间到后，制作炸弹面糊。在平底锅中混合加热白砂糖②和水②，加热至120℃。同时，使用蛋抽中速搅打蛋黄②。提前将泡过水的明胶在烤箱或微波炉中加热，使其彻底融化，将明胶倒入蛋液中，高速搅打两三分钟，做成炸弹面糊。将奶油奶酪放入不锈钢盆中，大力搅拌，使混合物不再有凝块。在混合物中加入炸弹面糊，小心搅拌。在电动打蛋器的搅拌槽中打发淡奶油，直至其变得柔软、顺滑。将所有材料混合起来，最后加入黄柠檬皮。

### 奶酪蛋糕

将奶酪蛋糕糊倒入裱花袋中，再挤入专业的石头形硅胶模具中，挤至模具的1/3处即可。在中间夹入一层黑加仑果酱，再用奶酪蛋糕糊填满模具，放入冰箱冷冻6小时。

### 饼干

将淡黄油、红糖和精盐倒入电动打蛋器的搅拌槽中，使用叶状搅拌棒低速搅拌。逐渐加入杏仁粉和榛子粉，最后加入大米粉。小心搅拌，使面糊保持一定的松软度。倒出面糊，将面糊在烤纸上铺开，厚度约为5毫米。将面糊放入烤箱中，180℃烤制10分钟。使其自然冷却后，放入冰箱冷藏1小时。取出后将面糊搓成不规则的小块。融化可可脂和白巧克力，将其倒在面糊的碎块上，充分混合。立即将面糊在烤纸上摊开，厚度约为3毫米，使用切模将面糊压成直径5厘米的圆形，将圆形面饼放入冰箱冷藏1小时。

### 黑加仑镜面

在平底锅中混合加热黑加仑果泥、葡萄糖、无色镜面果胶和水，直至温度达到50℃。倒入NH果胶和白砂糖，持续搅拌至混合物沸腾。加入着色剂后让混合物自然冷却至室温，混合物的使用温度是35~40℃。

### 装饰和收尾

将奶酪蛋糕脱模并放在烤架上，每块蛋糕中间隔开一定的距离。将黑加仑镜面淋酱浇在奶酪蛋糕上，用小刮刀去除多余的镜面淋酱。将木签插入蛋糕中间，把蛋糕扎起来，放在圆形饼干上。将大金属盘放入冰箱冷冻，再将融化的白巧克力（40~45℃）倒在盘子上，制作出带状巧克力。将巧克力直接围在小蛋糕的周围。用新鲜的黑加仑和一些小草、嫩芽或花朵来装饰。

# 小豆蔻香草挞

## TARTE VANILLE & CARDAMOME

迈克尔・巴尔托斯蒂（香格里拉酒店）

MICHAEL BARTOCETTI (SHANGRI-LA)

**迈克尔・巴尔托斯蒂与他那无法隐藏的、对调味的极致敏感**

迈克尔是那种不相信天平称量的人，他制作的每一块蛋糕都要经过反复品尝、调味、调整，再品尝、再调整，就像烹饪大师一样。他的烘焙作品是精确的、美味的、平衡的。他制作的挞类甜品为每一个品尝者带来无尽的回味。迈克尔・巴尔托斯蒂的作品风格是介于宫廷与街头之间的，长条形的挞，正适合用手指捏着吃。香草（混合波本香草与大溪地香草）让人未品其味，先闻其香。甜点一旦入口，胡桃果仁酱的味道首先带来味觉的冲击，香草的香味紧接着弥漫开来。酥脆的挞皮在齿间碎开，最后，是小豆蔻登场，令人回味无穷。口感层次丰富至极，仿佛一场无止境的游戏，从焦糖奶油到甘纳许……再到打发的甘纳许。就让我们一起沉浸在小豆蔻香草挞的香味游戏中吧！

**8人份**

准备时间：2小时30分钟　静置时间：24小时
制作时间：30分钟

### 材料

**小豆蔻香草甘纳许**
- 高温灭菌（UHT）鲜奶油150克
- 大溪地香草荚1个
- 马达加斯加波本香草荚1个
- 绿色小豆蔻3克
- 融化的明胶（将明胶粉泡入体积是其5倍的水中）15克
- 法芙娜专业可调温巧克力155克
- 半盐黄油25克

**香草胡桃果仁酱**
- 胡桃100克
- 野杏仁50克
- 白砂糖100克
- 水20克
- 精盐1克
- 马达加斯加波本香草荚1个

**香草柠檬莎布蕾饼底**
- T45面粉250克
- 糖粉90克
- 植物活性炭2.5克
- 精盐6克
- 盐之花3克
- 黄油190克
- 蛋黄6克
- 马达加斯加波本香草荚2个
- 黄柠檬皮1/2个柠檬的量
- 白巧克力适量

**大溪地香草焦糖奶油**
- 全脂牛奶40克
- 高温灭菌（UHT）鲜奶油200克
- 大溪地香草荚2个
- 蛋黄50克
- 白砂糖35克
- 融化的明胶21克

**打发的香草甘纳许**
- 高温灭菌（UHT）鲜奶油200克
- 马达加斯加波本香草荚2个
- 融化的明胶10克
- 法芙娜巧克力45克

**脆加沃特卷**
- 水330克
- 黄油30克
- 盐2.5克
- 糖粉100克
- T45面粉30克
- 植物活性炭4克
- 蛋清72克
- 香草荚1个

## 制作

### 小豆蔻香草甘纳许

将香草荚去籽，与奶油、小豆蔻一起放入平底锅中，盖上锅盖加热至90℃。将奶油盖上保鲜膜，放入冰箱冷藏24小时。取出奶油，加热至沸腾，加入明胶后分3次浇在融化的巧克力上。加入40℃的黄油，持续搅拌。使其自然结晶后，置于室温下待用。

### 香草胡桃果仁酱

将烤箱温度调至150℃，放入干果，烤制六七分钟。在平底锅中，混合加热白砂糖和水至120℃，加入干果并搅动，混合物会变成块状并结晶，加盐，然后将混合物在硅胶垫上铺开。待混合物冷却后用带刀头的均质机搅打。注意，如果您的均质机马力不够大，在搅拌过程中机器可能会因过热而损坏。这时就建议您时不时地停下，让您的均质机冷却。加入去籽的香草荚，带来浓郁的香草味。

### 香草柠檬莎布蕾饼底

将面粉、糖粉和植物活性炭过筛，加入盐、盐之花和冷的黄油。将所有材料放入电动打蛋器的搅拌槽中，使用叶状搅拌棒搅拌。搅拌好后，加入去籽的香草荚和黄柠檬皮，然后加入蛋黄，用手揉搓均匀。用擀面杖将面团擀成厚度约2毫米的面皮，将面皮切分成长15厘米、宽4厘米的长方形，放入铺有烤纸的铜管中，放入烤箱，150℃烤制16分钟后取出，饼底冷却后马上挤上白巧克力。

### 大溪地香草焦糖奶油

混合加热牛奶、奶油和去籽的香草荚直至沸腾。关火后盖上锅盖闷20分钟。将蛋黄和白砂糖放在沙拉盆中，搅打至发白。重新加热牛奶至沸腾，将1/3沸腾的牛奶浇在蛋黄和白砂糖上面。充分搅拌后，将所有混合物倒入平底锅中，加入剩余的2/3牛奶和融化的明胶。加热混合物至90℃，不停搅拌。待混合物冷却后，用手持式带刀头的均质机搅拌，在阴凉处保存。

### 打发的香草甘纳许

加热奶油和去籽的香草荚，关火后闷30分钟。重新加热奶油，在沸腾之前加入融化的明胶。用漏勺过滤后分3次浇在法芙娜巧克力上，充分搅拌，在阴凉处放置24小时。使用前用打蛋器打发。

### 脆加沃特卷

加热黄油、水和盐至沸腾，倒入糖粉、过筛的面粉和植物活性炭。当混合物变得均匀，立即加入蛋清和去籽的香草荚。将混合物在硅胶垫上铺开，厚度约2毫米。放入烤箱，170℃烤制20分钟左右。烤好后马上将其切成长7厘米、宽1.5厘米的长方形，再将其卷在直径2厘米的圆管上。

### 装饰和收尾

在香草柠檬莎布蕾饼底上抹开香草焦糖奶油，加入小豆蔻香草甘纳许，加一点儿胡桃果仁酱和打发的香草甘纳许，放上脆加沃特卷后就可以品尝了。

# 蛋白霜柠檬挞

## TARTE CITRON MERINGUÉE

杨尼克·比格尔（柯罗的池塘酒店）

YANNICK BEGEL (LES ÉTANGS DE COROT)

**简单又真诚的烘焙，那些关于采摘的记忆**

比起那些烘焙大师们的老生常谈“我从小便被糕点的世界所吸引”，比格尔似乎沉醉在采摘的快乐回忆中，在沃日山采摘蓝莓、草莓、覆盆子，再带回家里的烘焙作坊。他尝试新的甜点，都是从水果开始的，这次是柠檬。柠檬挞是他鉴赏美味的标准，如果哪里的柠檬挞做得不错，他就会再回到这家烘焙店或面包店。他自己做的柠檬挞微酸、柔滑，莎布蕾饼底又带来松脆的口感。防止柠檬奶油酱化开的秘密就是吉涅司蛋糕，在挞皮和奶油中间加入了杏仁和柠檬，柔软又美味。被唤醒的柠檬万岁！

### 4人份

准备时间：1小时30分钟　静置时间：2小时
制作时间：2小时30分钟

### 材料

**甜面皮**
- 糖粉40克
- 室温软化的黄油60克
- 杏仁粉12克
- 鸡蛋30克
- 面粉100克

**柠檬奶油酱**
- 鸡蛋90克
- 白砂糖88克
- 玉米粉6克
- 黄柠檬皮2个柠檬的量
- 黄油185克
- 黄柠檬汁125克

**吉涅司蛋糕**
- 杏仁面糊100克
- 鸡蛋2个
- 黄油33克
- 面粉20克
- 泡打粉1.2克

**镜面**
- 明胶1片
- 淡奶油112克
- 法芙娜白巧克力188克
- 黄色染色剂足量
- 无色镜面果胶75克

**法式蛋白霜**
- 蛋清25克
- 白砂糖20克
- 糖粉20克

**装饰和收尾**
- 白巧克力适量
- 柠檬鱼子酱适量

### 制作

**甜面皮**

将糖粉撒在黄油上，加入杏仁粉，用刮刀搅拌。加入鸡蛋并混合。将面粉过筛后倒在混合物上，轻轻搅拌。静置2小时后，将面团擀成厚度为2毫米的面皮，铺进模具中，在面皮上扎开一些小孔。将烤箱温度调至180℃，放入面皮烤制15～20分钟。

**柠檬奶油酱**

混合搅打鸡蛋、白砂糖、玉米粉和柠檬皮，至混合物发白即可。在平底锅中混合加热黄油和柠檬汁直至沸腾。加入前面的混合物，加热所有配料制成柠檬奶油酱。将柠檬奶油酱倒入树脂模具或包有保鲜膜的环形模具中，冷冻保存。

**吉涅司蛋糕**

将杏仁面糊倒入带刀头的均质机中搅拌。加入鸡蛋，继续搅拌均匀。将黄油加热到45℃，使其融化。将面粉和泡打粉过筛。将鸡蛋和杏仁面糊倒入电动打蛋器的搅拌槽中，加入融化的黄油持续搅拌均匀。加入面粉和泡打粉，继续搅拌至混合物可以挂在搅拌棒上。提起搅拌棒，混合物必须像带子一样垂下来，不能断。将混合物倒入树脂模具或包有保鲜膜的环形模具中。将烤箱温度调至160℃，放入面糊烤制10分钟左右。

**镜面**

将明胶在水中浸泡15分钟使其融化。加热淡奶油至沸腾，混合搓碎的白巧克力、着色剂和明胶，分3次将淡奶油浇在混合物上。加入融化的70℃镜面果胶，过滤后使其自然冷却。

**法式蛋白霜**

打发蛋清，分3次加入白砂糖和糖粉。将混合物倒入带有裱花嘴的裱花袋中，挤出小水滴状的蛋白霜，80℃烤制2小时。

**装饰和收尾**

30℃融化镜面，与柠檬奶油酱混合为吉涅司蛋糕制作镜面，用刮刀去除多余的镜面。将带有柠檬镜面的吉涅司蛋糕放在甜面皮上。将小块的蛋白霜围成一圈装饰在柠檬挞上，再装饰些白巧克力、柠檬鱼子酱即可。

# 黑色、橙色玛德琳蛋糕

# MAD'LEINE BLACK/ORANGE

## 阿克拉姆·布纳拉尔（玛德琳蛋糕店）

AKRAME BENALLAL (MAD'LEINE)

### 玛德琳蛋糕，童年的味道

想让阿克拉姆·布纳拉尔为了一种糕点离开他的厨房，实在是很难，除非是非常吸引他的一种，或者至少让他无法拒绝。玛德琳蛋糕就有这样的魅力，柔软、美味又提神，品尝一块玛德琳蛋糕，整个世界都变得美好了。阿克拉姆·布纳拉尔对于玛德琳蛋糕的制作是非常严格的，因为成人甚至比孩子们更喜爱玛德琳蛋糕。牛奶大米玛德琳蛋糕、焦糖玛德琳蛋糕、柠檬镜面玛德琳蛋糕、巧克力软心玛德琳蛋糕……甚至还有冰激凌玛德琳蛋糕。如果说要从其中选择一种的话，那一定是柠檬玛德琳蛋糕。入口直接给舌尖带来微酸和新鲜的味道，还有一点点甜，接着便是无穷的绵软口感。柠檬的微酸弥漫在嘴里的每一个角落，即使整个蛋糕都吃完了，柠檬的香氛还是会在嘴里逗留很长时间。

### 6个中等大小的玛德琳蛋糕

准备时间：20分钟　静置时间：1晚
制作时间：12分钟

### 材料

**玛德琳蛋糕**

- 有机鸡蛋60克
- 白砂糖42克
- 有机面粉88克
- 泡打粉6克
- 植物活性炭1.35克
- 有机牛奶24克
- 荞麦蜂蜜23克
- 黄油76克

**馅料**

- 甜橙果酱20克

### 制作

**玛德琳蛋糕**

将鸡蛋和白砂糖混合后倒入电动打蛋器的搅拌槽或沙拉盆中，用打蛋器搅拌5分钟。一点点加入面粉、泡打粉和植物活性炭，放在阴凉处。在平底锅中加热牛奶和荞麦蜂蜜，使混合物微微起泡。平底锅离火，将混合物倒入第一步的容器里。加入融化的黄油后混合搅拌。将做好的玛德琳蛋糕糊冷藏至少1晚后倒入装有裱花嘴的裱花袋中。给蛋糕模具涂上油，再撒上面粉（如果模具是硅胶的，不需要这一步骤），将蛋糕糊挤入模具中，至模具的3/4处。将烤箱预热到173℃，烤制10～15分钟。

**装饰和收尾**

给热的玛德琳蛋糕脱模。将甜橙果酱倒入装有裱花嘴的裱花袋中，将果酱挤入玛德琳蛋糕即可。

# 草莓香吻蛋糕

# CAKE À LA FRAISE

## 尼古拉斯 · 贝尔纳尔德

NICOLAS BERNARDÉ

**“香吻蛋糕：像亲吻一样温柔”**

尼古拉斯·贝尔纳尔德的父亲是一位面包师，尼古拉斯曾犹豫是要做一位玻璃艺术家，还是做一名烘焙师。最终他选择了烘焙，而将制作玻璃作为业余爱好。烘焙中吹糖和做焦糖的某些步骤多多少少和制作玻璃有些相似之处。如果他继续了自己的玻璃艺术事业，他在烘焙领域得到的法国最佳手工业者奖，在玻璃制作领域也会拿到。那么他的蛋糕呢？他每天都沉浸在烘焙世界中，早晨、中午品尝甜品，晚上就想开一家甜品店。他的第一个甜品作品是果酱蛋糕，然后是他祖母常做的一种香料面包。他不满足于平庸的茶点，他找到了自己的道路和风格。他称自己的作品为“香吻蛋糕”，因为他制作的蛋糕像亲吻一样温柔又香甜。他还创新地制作了其他蛋糕，如木柴蛋糕、箱子蛋糕、爱的蛋糕……在甜品制作中，蛋糕是永恒的主题，扮演着多种角色。

### 4人份

**准备时间：** 1小时
**制作时间：** 35分钟

### 材料

**吉涅司饼底**

- 鸡蛋300克（约6个）
- 白砂糖①50克
- 杏仁面糊300克
- 精盐3克
- 柠檬皮4克
- 黄油125克
- 大米粉30克
- 泡打粉5克
- 蛋清150克
- 白砂糖②30克

**草莓果酱**

- 草莓果泥400克
- 白砂糖150克
- 藻酸盐9克
- 黄原胶3克

### 制作

**吉涅司饼底**

在多功能搅拌机的搅拌碗中混合鸡蛋、白砂糖①、杏仁面糊、盐和柠檬皮，隔水加热至55℃，不停搅打直至打发，混合物从搅拌棒上呈带状流下，不间断即可。将混合物分为2份。加热黄油至50℃，用刮刀将黄油加入到其中一份混合物中。将大米粉和泡打粉过筛，将其倒入另一份混合物中。搅打蛋清，加入白砂糖②继续搅打，直至搅拌棒上的蛋清可呈现鸟嘴的形状。将这3份混合物倒在1个容器中，小心地搅拌。将制作饼底的面糊倒在直径16厘米的圆形模具中。将烤箱温度调至180℃，将面糊放入烤箱烤制10分钟。将烤箱温度下调至160℃，继续烤25分钟。

**草莓果酱**

在平底锅中加热草莓果泥。混合白砂糖、藻酸盐和黄原胶。将混合物倒入草莓果酱中，不断用打蛋器搅拌。要测试草莓果酱是否做好，需要以下步骤：将一点儿草莓果酱放入小碟中，等待十几秒后将小碟立起来，如果草莓酱还能粘在上面，就表示已经做好了。倒出草莓酱，包上保鲜膜保存。

**装饰和收尾**

在吉涅司饼底中间切出1个圆形。用带有裱花嘴的裱花袋将草莓酱挤入圆形中。将蛋糕放入冰箱冷藏，让草莓酱凝固。

# 顿加豆绿柠檬榛子莎布蕾

# TONKA CITRON VERT ET NOISETTE

埃尔文·布朗舍、塞巴斯蒂安·布鲁诺（乌托邦面包店）

ERWAN BLANCHE ET SÉBASTIEN BRUNO (UTOPIE)

### 不再乌托邦

很久以来，埃尔文和塞巴斯蒂安都想合作做一些事情，当他们想到开一家面包店时，有人告诉他们“在巴黎，一家好吃又不贵的面包店简直就是乌托邦”。而现在，这两个乌托邦主义者成立的面包店，成了业界的范本。乌托邦面包店追求品质，但价格实惠。顿加豆和绿柠檬的搭配只是惊喜的开始，他们想要做出一种外形适宜的甜点，没有那些无用的外沿、花边或不规则的部分。只有甜品的中心有一些不规则的痕迹，但这并不影响整个甜点的形状。第一口尝下去就带来甘纳许的味道，然后是莎布蕾饼底的酥脆，还有绿柠檬的香味在反复回荡……乌托邦的甜品典范。

### 6人份

**准备时间：**2小时　**静置时间：**25小时
**制作时间：**15~20分钟

### 材料

**莎布蕾面饼**
- 面粉65克
- 糖粉18克
- 杏仁粉8克
- 盐1小撮
- 黄油35克
- 鸡蛋20克

**莎布蕾薄脆**
- 莎布蕾面饼130克
- 榛子酱50克
- 薄脆45克
- 黄油15克

**榛子奶油**
- 明胶粉1.5克
- 水10克
- 牛奶35克
- 榛子酱200克
- 淡奶油80克

**顿加豆甘纳许**
- 顿加豆足量
- 绿柠檬皮足量
- 淡奶油①30克
- 白巧克力40克
- 淡奶油②80克

**装饰和收尾**
- 绿柠檬皮足量
- 烤榛子足量

### 制作

**莎布蕾面饼**
将面粉、糖粉、杏仁粉和盐放在碗中，加入黄油，用指尖搅拌混合物。加入打好的鸡蛋，用手继续搅拌。当面糊变得均匀后，将面糊揉成圆球状，包上保鲜膜，在阴凉处放置1小时。将面糊在烤纸上擀成面皮，放入烤箱， 180℃烤制10～15分钟。将面皮从烤箱中取出，放在烤架上自然冷却。

**莎布蕾薄脆**
将莎布蕾面饼捏成小块，加入榛子酱和薄脆，然后加入融化的黄油。将混合物放入长16厘米、宽12厘米的模具中，在阴凉处保存，让混合物凝固。

**榛子奶油**
将明胶粉泡入冷水中。加热牛奶至沸腾。将明胶倒入牛奶中，然后将混合物倒在榛子酱上。加入淡奶油混合搅拌。在使用前要在冰箱中冷藏12小时。

**顿加豆甘纳许**
将顿加豆和柠檬皮加入淡奶油①中，然后将混合物倒在碎的白巧克力上，再倒入淡奶油②，放入冰箱冷藏12小时后，倒入电动打蛋器的搅拌槽中打发，然后倒入带有12号裱花嘴的裱花袋中。

**装饰和收尾**
将莎布蕾薄脆放入模具中。将榛子奶油倒入带有15号裱花嘴的裱花袋中，在莎布蕾薄脆上挤出长条形状的榛子奶油。将裱花袋中的顿加豆甘纳许挤在榛子奶油上。最后，擦碎绿柠檬皮，再将柠檬皮撒在水滴状的甘纳许和烤榛子上即可。

# 婚礼蛋糕

## WEDDING CAKE

乔纳森·布洛特（酸味马卡龙甜品店）

JONATHAN BLOT (ACIDE MACARON)

“我们这些烘焙师花费很多时间制作的蛋糕，最后可能就摆在冷冰冰的玻璃柜里。这就像艺术家创作出惊艳的画作，却把它挂在一所废弃的房子里一样。”布洛特的蛋糕总是现做的，在回家的时候，在蛋糕变形之前就把它们吃掉。他做蛋糕似乎是因为他沉醉于吃蛋糕的感觉。“酸味甜品店”让顾客兴奋又沉醉，主厨会突破固有的思维，创作出经典调味的甜品，各种味道达到惊人的和谐，不同香料或酱料的运用像给甜品安上了助推器。这款婚礼蛋糕充满乐趣和节日气氛，焦糖和香料的完美配合，再有咖啡与芒果的和谐搭配……

### 4人份

**准备时间：** 2小时　**静置时间：** 4小时30分钟
**制作时间：** 22分钟

### 材料

**月桂饼干**
- 黄油膏50克
- 褐色砂糖50克
- 白砂糖15克
- 盐0.5克
- 牛奶10克
- 蛋黄10克
- 面粉100克
- 泡打粉3克
- 月桂饼干专用香料2.5克
- 白砂糖②30克
- T55面粉60克
- 硬粒小麦粉105克

**咖啡奶油冻**
- 明胶3.6克
- 水150克
- 研磨过的埃塞俄比亚咖啡20克
- 奶粉43.2克
- 白砂糖45克
- 可可脂70克
- 脂肪含量为35%的淡奶油216克

**拉瓦尼饼干**
- 蛋黄90克
- 白砂糖①75克
- 蛋清135克

**白豆蔻咖啡**
- 水1250克
- 白豆蔻3克
- 研磨过的埃塞俄比亚咖啡150克

**焦糖镜面**
- 明胶5克
- 白砂糖200克
- 淡奶油150克
- 水①150克
- 马铃薯淀粉13克
- 水②25克
- 爱乐薇专业可调温巧克力100克

**咖啡填馅**
- 明胶3克
- 研磨过的埃塞俄比亚咖啡42.4克
- 矿泉水288克
- 糖蜜48克

### 制作

**月桂饼干**

混合黄油膏、白砂糖、褐砂糖、盐和牛奶，然后加入蛋黄和其余材料搅拌成面团，包上保鲜膜，在阴凉处放置30分钟。用擀面杖将面团擀成厚3毫米的面皮，用切模切出直径7厘米的圆形。将烤箱温度调至165℃，烤制14分钟。

**咖啡奶油冻**

将明胶泡入冷水中。将水加热到90℃，浇在咖啡上，浸泡6分钟后过滤。将咖啡和奶粉、白砂糖混合，加热至沸腾，浇在可可脂上。使用手持式带刀片均质机搅拌，使混合物乳化，加入明胶混合。将淡奶油放入电动打蛋器，搅打至柔软。用刮刀将打发的奶油加入到温度约为30℃的咖啡冻中。

**拉瓦尼饼干**

隔水加热蛋黄和白砂糖①的混合物，温度要达到55℃，用蛋刷搅拌，鸡蛋糊从搅拌棒上呈带状流下，不间断，即表示已经打好。同时，混合蛋清和白砂糖②，硬性打发。将面粉和硬粒小麦粉过筛，倒入蛋黄和白砂糖混合物中，然后再加入蛋清白砂糖混合物。将做好的面糊倒在铺有烤纸的烤盘上，在烤箱中以180℃烤制8分钟。

**白豆蔻咖啡**

混合碎的白豆蔻和水，加热至沸腾，浇在磨好的咖啡上，浸泡10分钟，然后过滤咖啡。白豆蔻咖啡的使用温度是35℃。

**焦糖镜面**

将明胶浸泡在水中。将白砂糖倒入平底锅中，大火加热，制出焦糖。糖的颜色变成漂亮的棕褐色后，立即加入事先加热到80℃的奶油和水①，然后加入提前混合好的马铃薯淀粉和水②，加热混合物至沸腾后浇在巧克力上，混合搅拌。将明胶加热到60℃，倒入混合物中。

**咖啡填馅**

将明胶泡入冷水中。将咖啡和矿泉水混合，冷藏15分钟后过滤。加热混合物并加入糖蜜和明胶。将混合物倒入直径4厘米的树脂模具中，冷冻。

**装饰和收尾**

取3个高度25厘米的圆形模具，直径分别为70厘米、45厘米和25厘米。在模具内部涂上咖啡奶油冻。放入拉瓦尼饼干并挤上咖啡填馅，冷冻4小时后脱模。将不同大小的糕点叠放在一起，用22℃的焦糖镜面淋酱做镜面。直接将叠好的糕点放在月桂饼干上。搭配白豆蔻咖啡享用。

# 里昂马卡龙

# MACA'LYON

## 塞巴斯蒂安·布耶

SÉBASTIEN BOUILLET

### 一次次地震惊里昂，影响力横跨至日本

塞巴斯蒂安·布耶在烘焙界刮起了一次次旋风，他的影响力从里昂横跨到了日本。他不断地创新，有时这创新来自于偶然的灵感。在巧克力糖果店里，他整日在机器前度过，给巧克力糖包上漂亮的外衣，以及其他令他好奇的东西。他制作了一系列咸焦糖马卡龙，他总有一种包裹一切的念头，于是他不断给马卡龙加料，两层、三层填馅。他制作的马卡龙一口下去，出现两种层次：先是巧克力的香浓，再是马克龙的清脆，与填馅的柔和焦糖搭配在一起，带来丰富的层次感，是甜蜜、轻柔、平衡的结合。

### 20个里昂马卡龙

准备时间：30分钟
制作时间：25分钟
静置时间：12小时

### 材料

**焦糖马卡龙**

**马卡龙**

- 糖粉200克
- 杏仁粉200克
- 蛋清①85克
- 水40克
- 白砂糖180克
- 蛋清②60克
- 褐色焦糖着色剂1小撮

**焦糖奶油**

- 全脂淡奶油200克
- 葡萄糖浆50克
- 白砂糖100克
- 半盐黄油60克

**巧克力外壳**

- 专业可调温黑巧克力500克
- 焦糖马卡龙20个
- 金粉足量

### 制作

**焦糖马卡龙**

**马卡龙**

将过筛的杏仁粉和糖粉倒入沙拉盆中，加入未打发的蛋清①，充分混合。在深口平底锅中混合加热白砂糖和水至沸腾，继续加热至121℃。当水和糖的混合物达到118℃时，打发蛋清②。当混合物温度达到121℃时，将混合物浇在打发的蛋清上，并继续搅拌，直至混合物变温，制成意式蛋白霜。将意式蛋白霜倒入白砂糖、杏仁粉和蛋清的混合物中，充分搅拌。倒入褐色焦糖着色剂，搅拌均匀。把面糊装入裱花袋，在铺上烤纸的烤盘上挤出若干个圆形，静置30分钟。160℃烤4～6分钟，出现裙边。然后把温度调为120℃，再烤15～20分钟。

**焦糖奶油**

在平底锅中加热淡奶油。在另一个平底锅中加热葡萄糖浆至沸腾，分4次加入白砂糖：先倒入1/4的白砂糖，不要搅拌，让其自然融化。用同样的方法加入第2份白砂糖。继续加糖，直至白砂糖用完。当糖的颜色变成焦糖色时，立即倒入热奶油，加热至103℃。让混合物冷却到45℃后，加入黄油，充分搅拌，让焦糖变得柔滑。给焦糖奶油包上保鲜膜，在阴凉处保存。

将马卡龙的脆皮放在盘子上。将焦糖奶油倒入装有8号裱花嘴的裱花袋中，挤在其中一半马卡龙的脆皮上，用另一半脆皮封住焦糖奶油。冷藏一晚后就可以包上巧克力外壳了。

**巧克力外壳**

使用好品质的巧克力可以让外壳光泽鲜亮。将黑巧克力打成小块，隔水加热巧克力，保证温度在50～55℃。将装有巧克力的沙拉盆放在另一个装有冰块的沙拉盆中，不停搅拌直至温度下降到35℃。将巧克力沙拉盆从冰块中取出，继续搅拌，直至温度下降到28℃或29℃。一旦到达这个温度范围，立即隔水再次加热巧克力至31℃或32℃，这个温度范围的巧克力才适用于巧克力外壳的制作。将没有包上巧克力外壳的马卡龙放在一边，另一边放1个铺有烤纸的烤盘。用手拿起马卡龙，浸入热巧克力中，两面都要蘸到巧克力。将马卡龙取出，从下到上去除多余的热巧克力。用专用的叉子将包上巧克力的马卡龙放在烤纸上，在巧克力凝固之前撒上金粉。将做好的马卡龙放入冰箱20分钟，等待凝固。时间到了以后，立即取出马卡龙，放在阴凉干燥的地方保存。

# 经典大玛德琳蛋糕

## MADELEINE À PARTAGER

法布里斯·勒·布尔塔（甜小麦甜品店）

FABRICE LE BOURDAT (BLÉ SUCRÉ)

### 他崇尚的是美味、真实和永恒

作为对美味不懈的追求者，法布里斯为我们带来的经典大玛德琳蛋糕，柔软至极，入口即化。时间与美味仿佛都被延长，放大的体积能让人更好地享受蛋糕的美味。不论是用刀还是用手，不论是切成长条还是小块，这样接地气的大玛德琳蛋糕总是让人喜欢，上面叠着的两块小玛德琳蛋糕也十分可爱。它像一个50厘米长的大泡芙，又像一个300欧元的婚礼蛋糕。不管像什么，法布里斯坚持要做好的糕点，“做到好，就好，其他的不重要。”大玛德琳蛋糕受到了极大欢迎，成为了甜小麦甜品店的招牌甜点之一，甜酥面包也是他家的一绝。费南雪和玛德琳蛋糕都是永恒的经典，这一点是不会变的，十年以来一直是这样，那经典、令人难以抗拒的酥脆橙子味镜面从未改变。这也是作者对烘焙的寄望：简单、触动人心又永恒。

### 4人份或1块大玛德琳蛋糕

准备时间：20分钟　静置时间：1晚
制作时间：25～35分钟

### 材料

玛德琳蛋糕

- 鸡蛋120克
- 白砂糖100克
- 牛奶35克
- 面粉125克
- 泡打粉5克
- 黄油160克

镜面

- 糖粉300克
- 橙汁150克

### 制作

玛德琳蛋糕

混合搅打鸡蛋和白砂糖至颜色发白，先加入牛奶，再加入过筛的面粉、泡打粉和融化的黄油，在阴凉处放置一晚。第二天，将烤箱预热到210℃，给模具涂上黄油，撒上面粉。将面糊倒入模具中，放入烤箱，将烤箱温度下调至160℃，烤制25～30分钟。给温的玛德琳蛋糕脱模。

镜面

混合糖粉和橙汁，浇在温的玛德琳蛋糕上即可。

# 旋涡巧克力挞

# TOURBILLON CHOCOLAT

雅恩 · 布里斯

YANN BRYS

**雅恩·布里斯的招牌甜点、经典之作**

雅恩·布里斯从最初制作唱片柠檬挞，到如今的旋涡巧克力挞，他将传统的理念和现代的技术相结合，并加入了自己的元素。他曾是达洛优甜品店的首席顾问，在巴黎找寻自我，并安定了下来。同时，他的名字也随着他在甜品制作上的才华和创造力迅速传播。他的作品尊重烘焙的传统要求（尊重口感、材料的品质、美味和情感），总的来说，味道是他的极致追求。旋涡巧克力挞的外形非常精致，口感和味道一样经典，入口即化的巧克力奶油，并不油腻却味道浓郁的可可脂，还有挞底的松脆，带来美味和视觉的双重享受。

## 20块旋涡巧克力挞

准备时间：2小时　静置时间：2小时
制作时间：12分钟

## 材料

**黑巧克力奶油霜**

- 水12克
- 明胶粉2克
- 白砂糖15克
- 蛋黄35克
- 淡奶油260克
- 可可含量为64%的专业可调温黑巧克力100克

**杏仁胡桃软饼干**

- 淀粉12克
- 杏仁粉50克
- 糖粉60克
- 胡桃35克
- 蛋黄10克
- 蛋清①55克
- 蛋清②55克
- 白砂糖30克
- 榛子黄油75克

**顿加豆巧克力甘纳许**

- 淡奶油425克
- 香草荚1个
- 顿加豆1克
- 白砂糖112克
- 可可含量为40%的专业可调温牛奶巧克力125克
- 可可含量为64%的专业可调温黑巧克力215克
- 黄油30克

**巧克力薄脆**

- 碎榛子150克
- 玉米片150克
- 松子75克
- 烤椰子片25克
- 白杏仁泥80克
- 酒心巧克力100克
- 可可含量为46%的牛奶巧克力80克
- 可可含量为33%的白巧克力50克
- 芝麻1小撮
- 盐之花1小撮

**装饰和收尾**

- 巧克力条足量
- 巧克力糖霜足量

## 制作

**黑巧克力奶油霜**

将明胶粉泡入凉水中。混合白砂糖和蛋黄，搅拌后浇在热奶油上，继续加热至85℃。将混合物倒在巧克力和明胶上，搅拌后使其自然冷却，然后4℃静置2小时。

**杏仁胡桃软饼干**

混合淀粉、杏仁粉、糖粉和压成粉状的胡桃，加入蛋黄和蛋清①。打发蛋清②并加入白砂糖，倒入前面的混合物中，加入榛子黄油，做成面团。将面团放在铺有烤纸的长40厘米、宽30厘米的烤盘上，擀开。将烤箱温度调至160℃，烤制12分钟。等饼干冷却以后，用模具压制出直径6厘米的圆形饼干。

**顿加豆巧克力甘纳许**

混合加热香草荚、淡奶油和搓碎的顿加豆，不要让混合物沸腾，静置4分钟。将白砂糖加热，制成焦糖，掺入过滤好的热奶油。将焦糖热奶油浇在巧克力上，加入黄油后搅拌。使混合物温度下降到40℃。将圆形饼干放在直径8厘米的圆形模具中，将巧克力甘纳许抹在饼干上。

**巧克力薄脆**

将榛子、玉米片、松子和椰子片放入烤箱烤几分钟。混合杏仁泥、酒心巧克力，再加入融化的巧克力、干果、芝麻和盐之花。将混合物制成直径8厘米的圆盘形（每片重量大约为35克）。

**装饰和收尾**

将甘纳许圆形饼干放在巧克力薄脆上，在表面涂上黑巧克力奶油霜。用巧克力条装饰并点缀上巧克力糖霜。

# 帕芙洛娃奶油甜心

## PAVLOVA

杰弗里・卡涅（胡桃夹子甜品店）

JEFFREY CAGNES (CASSE-NOISETTE)

### 这是他的第一次停驻

绝美的外形和出色的技艺，杰弗里・卡涅的这款帕芙洛娃奶油甜心的魅力远不止于此，每一种味道的搭配都精准而成功。从小，杰弗里・卡涅就钟爱烘焙，他时常流连在特鲁瓦的帕斯卡尔咖啡店橱窗外。“当然，诚实地说，我并不是个好学生，我要为自己的将来想一条路。”而他最终选择的这条路，让他充分发挥了自己的才能。这款帕芙洛娃奶油甜心是理想的甜点，拥有完美的品质（酥脆的饼干、甜蜜的奶油、又黏又脆的蛋白霜、新鲜的覆盆子……）。主厨最得意的是，这种甜点几乎让人不忍下口。我们坐下来，将帕芙洛娃奶油甜心放在碟子里，从上到下打碎它，切开它，因为所有的秘密都在甜心中。一款高格调的甜点。

### 20块奶油甜心

准备时间：1小时30分钟
制作时间：1小时25分钟
静置时间：2小时

### 材料

**蛋白霜**

- 新鲜的蛋清100克
- 白砂糖100克
- 糖粉50克

**香草卡仕达酱**

- 牛奶250克
- 白砂糖60克
- 香草荚2个
- 蛋黄50克
- 面粉20克
- 玉米粉15克

**马斯卡彭奶酪鲜奶油**

- 脂肪含量为35%的鲜奶油400克
- 马斯卡彭奶酪125克
- 糖粉20克
- 香草荚2个

**甜酥皮**

- 黄油100克
- 糖粉50克
- 面粉200克
- 盐2克
- 杏仁粉15克
- 鸡蛋40克

**覆盆子果泥**

- 新鲜覆盆子200克
- 白砂糖50克
- NH果胶5克

**装饰和收尾**

- 新鲜覆盆子400克

### 制作

**蛋白霜**

将蛋清、白砂糖和糖粉放入电动打蛋器的搅拌槽中搅拌。**小贴士：**当蛋白霜在搅拌棒上形成鸟嘴形状的尖头，就表示已经打好了。将蛋白霜装入裱花嘴直径为20毫米的裱花袋中，挤出3个蛋白霜球，一个叠在另一个上，大的在下，小的在上，就像冷杉树的形状一样。重复以上操作，直至蛋白霜用完。将烤箱温度调至110℃，放入蛋白霜，烤制1小时后取出，自然冷却。

**香草卡仕达酱**

将牛奶、一半白砂糖、去籽的香草荚倒入平底锅中，混合加热至沸腾。将蛋黄和剩下的白砂糖放入沙拉盆中，用蛋刷搅打至发白。加入面粉和玉米粉，充分混合后，将沸腾的牛奶浇在混合物上。搅拌后，将混合物全部倒入平底锅中，继续加热，不停地搅拌，直至沸腾。将混合物倒入深口盘中，在阴凉处放置2小时。

**马斯卡彭奶酪鲜奶油**

将鲜奶油、马斯卡彭奶酪、糖粉和香草荚放入电动打蛋器的搅拌槽中持续搅拌，直至搅打出硬性发泡的甜味掼奶油。冷藏。**小贴士：**要制作出理想的掼奶油，最好先将鲜奶油和马斯卡彭奶酪在冰箱中冷藏后再使用。如果天气比较热，您可以将搅拌槽和搅拌棒放入冰箱降温，这样奶油就更容易打发。

**甜酥皮**

将黄油、糖粉、面粉、盐和杏仁粉放入沙拉盆中。用手指将混合物揉捏成块状。加入鸡蛋，充分搅拌后，给沙拉盆包上保鲜膜，冷藏至少2小时。用擀面杖将面团擀成面皮。用直径75毫米的切模在面皮上切出圆形的小面皮。放入烤箱，160℃烤制25分钟。

**覆盆子果泥**

将覆盆子和一半白砂糖放入平底锅中，文火加热。混合剩下的一半白砂糖和果胶，待混合物沸腾后，立即倒入糖和果胶。继续加热1分钟后，将混合物放在阴凉处。**小贴士：**在将剩下的白砂糖和果胶倒入覆盆子果酱时，一定要提前混合糖和果胶，否则果胶可能会粘在一起。

**装饰和收尾**

放好烤好的圆形甜酥皮，用裱花袋将香草卡仕达酱挤在甜酥皮的中心，挤出1个扁圆形小球。围绕香草卡仕达酱，沿着酥皮的边沿，摆上新鲜的覆盆子。在香草卡仕达酱的中心，挤上一点点覆盆子果泥。用裱花袋将马斯卡彭奶酪鲜奶油挤在上面，形状为小圆球，整体要做得漂亮。再挤上一层覆盆子果泥。用小裱花嘴在叠好的蛋白霜上扎个洞，挤入马斯卡彭奶酪鲜奶油装饰，然后将装饰好的蛋白霜叠在甜品最上方即可。

# 奶油挞

# TARTE À LA CRÈME

## 贝努瓦・卡斯特尔（自由甜品店）

BENOÎT CASTEL (LIBERTÉ)

### 烘焙，不只是精神的栖息地，也是生活之所

贝努瓦・卡斯特尔既是烘焙师，又是面包师。他热爱自己的职业，亦觉得烘焙这种与日常生活密切联系的活动，拉近了人与人的距离。他的秘诀就在这儿，远超于销售给别人什么东西，他更倾向于给顾客带来轻松的享受。在自由甜品店里，人们落座，谈笑着，品尝着美味的奶油挞。奶油挞是非常常见的一种甜点，在动画片里、电影里我们经常看到，但在面包店里并不多见。贝努瓦・卡斯特尔的奶油挞，灵感来自童年的记忆，新鲜的草莓和酸甜的鲜奶油，正是他的最爱。甜酥皮、香草卡仕达酱、新鲜掼奶油……这种奶油挞美味、轻柔、乐趣无穷。第一口吃下去，香味就令人沉醉。

### 8人份

准备时间：1小时30分钟
制作时间：18分钟
静置时间：2小时

### 材料

**甜酥皮**

- 黄油膏240克
- 糖粉150克
- 杏仁粉50克
- 鸡蛋80克
- 香草荚1个
- 面粉400克

**卡仕达酱**

- 生牛奶500克
- 白砂糖100克
- 香草荚1个
- 淀粉50克
- 蛋黄80克
- 黄油30克

**甜味掼奶油**

- 有机淡奶油375克
- 浓奶油375克
- 糖粉40克
- 香草荚1/2个

### 制作

**甜酥皮**

将黄油膏、糖粉和杏仁粉放在电动打蛋器的搅拌槽中，用叶状搅拌棒持续搅拌，直至混合物变为均匀的膏状。加入鸡蛋和香草荚。混合后，加入面粉，继续搅拌。当面糊可以粘在搅拌槽的内壁时，取出面糊，捏成面团，包上保鲜膜，在阴凉处保存1小时。将面团擀成厚度约为3毫米的面皮，将面皮放入直径20厘米的圆形模具中。放入烤箱，160℃烤制18分钟。烤好后，取出面皮，放在烤架上自然冷却。

**卡仕达酱**

在平底锅中混合加热牛奶、白砂糖、去籽的香草荚直至沸腾，取出香草荚。混合淀粉和蛋黄，将一半的牛奶混合液浇在淀粉和蛋黄的混合物上。再掺入剩下的一半牛奶混合物，将以上所有配料混合加热4分钟。加入黄油。倒入深口盘中，包上保鲜膜，在阴凉处保存1小时。

**甜味掼奶油**

用蛋刷打发淡奶油和浓奶油。加入糖粉和去籽的香草荚。**小贴士：**掼奶油立在蛋刷上表示已经打好了。

**装饰和收尾**

用刮刀将卡仕达酱抹在甜酥皮上，抹开后将四边修整光滑。将掼奶油装入裱花袋中，螺旋形绕圈裱在甜点上，阴凉处保存。

# 燕麦奶油千层挞

# TARTE FEUILLETÉE AUX FLOCONS D'AVOINE

## 贡特朗 · 切里耶尔

GONTRAN CHERRIER

**充满激情的面包师，年轻人与他的蛋糕**

贡特朗·切里耶尔喜欢巴黎，尤其是蒙马特，他似乎不会去别的地方了。在烘焙上，他充满天赋与激情，他制作的每一个糕点都在面粉的使用上反复挑选和斟酌。比如这一款燕麦奶油千层挞，在制作中他加入了少量的黑麦面粉，从颜色上来看，白色的奶油搭配深色的燕麦，两者相得益彰。在贡特朗·切里耶尔看来，芝麻在甜点中使用得比较少，但实际上芝麻能为甜点带来更多的层次和绵长的香味。他制作的奶油千层挞圆圆的，甜味较淡，加入了芝麻，更有吸引力。打架的时候可绝对不要把它当石头扔哦！

**4～6人份**

准备时间：1小时30分钟　静置时间：17小时
制作时间：30分钟

**材料**

黑麦千层挞皮
- T45面粉250克
- 黑麦面粉90克
- 水135克
- 盐7克
- 融化的黄油85克
- 冷黄油250克
- 糖粉适量

燕麦奶油
- 明胶1片
- 淡奶油125克
- 燕麦12克
- 蛋黄35克
- 白砂糖20克
- 香草荚1个

燕麦甜味掼奶油
- 明胶2.5片
- 燕麦113克
- 脂肪含量为35%的淡奶油①250克
- 脂肪含量为35%的冷的淡奶油②375克
- 白砂糖50克
- 香草荚2个
- 马斯卡彭奶酪65克

燕麦酥
- 白砂糖100克
- 面粉100克
- 燕麦100克
- 冷黄油100克

## 制作

### 黑麦千层挞皮

将面粉、水、盐和融化的黄油倒入搅拌槽中充分搅拌均匀。将面团放在工作台上揉圆，包上保鲜膜后静置30分钟左右。在此期间，将冷黄油从冰箱中取出，放在烤纸上。用擀面杖将黄油擀成1厘米厚的正方形。在工作台上撒一层薄薄的面粉，将面团擀成与黄油一样厚的长方形面皮，但面积是黄油的2倍大。将黄油放在面皮上，用面皮把黄油包住，注意要把面皮完全捏合住，而且面皮和黄油的温度必须是相同的。将面皮进一步擀开，长度要是刚才的3倍。将面皮的两端分别折向中心，再沿中心对折，折起的每块大小要相同。将面皮重新擀开，擀成最初长方形的大小。重复刚才折叠的步骤后，第1轮擀皮就完成了。将面皮放入冰箱冷藏1小时后取出。将刚才的步骤再重复3遍，擀的时候可以在工作台上撒些面粉，以防面皮粘住。第4次擀皮的时候，将千层挞皮擀成4毫米厚，放入冰箱冷藏片刻。将挞皮放在烤架上，放入烤箱中，在烤架的四角处放置几个等高的甜点模具（比如迷你挞的模具），以模具作支撑，在上面再放1个烤架，这样可以判断千层的厚度。将烤箱温度调至170℃，烤制10分钟即可。将挞皮翻面，撒上糖粉。将烤箱温度调至220℃，稍等几分钟，待糖粉变成焦糖即可取出，使其自然冷却。用直径8厘米的环形模具切出圆形挞皮。

### 燕麦奶油

将明胶泡入放有冷水的碗中。在平底锅中混合加热淡奶油、燕麦、蛋黄、白砂糖和去籽的香草荚。温度要达到85℃，期间要用蛋刷不停搅拌。将平底锅离火，加入事先融化好的明胶。用手持式带刀片的均质机搅拌混合物，搅拌好后倒入直径为3厘米的半球形硅胶模具中。放入冰箱冷冻至少5小时，使用时再取出。

### 燕麦甜味掼奶油

将明胶泡入装有冷水的碗中。将燕麦泡入热奶油①中，浸泡5分钟。过滤混合物，滤出190克奶油，如果需要的话，可以再取些奶油。将淡奶油、白砂糖、泡好的明胶和去籽的香草荚文火加热至40℃。将热的混合物浇在冷的淡奶油②和马斯卡彭奶酪上。充分混合后，冷藏12小时。

### 燕麦酥

混合所有材料，在烤箱中150℃烤15分钟。

### 装饰和收尾

用电动打蛋器打发燕麦甜味掼奶油。在黑麦千层挞皮上挤一点儿甜味掼奶油，再将燕麦奶油呈圆球状挤在千层上。用有凹槽的裱花嘴在千层上挤出漂亮的掼奶油花环。最后将燕麦酥均匀地装饰在甜点上。

# 巧克力闪电泡芙

# ÉCLAIR AU CHOCOLAT

尼古拉斯·克鲁瓦索（乐美颂巧克力店）

NICOLAS CLOISEAU (LA MAISON DU CHOCOLAT)

## 一位巧克力制作大师的烘焙之旅

尼古拉斯·克鲁瓦索制作的蛋糕就如他制作的巧克力糖果一样精致，不同材料的搭配、温度和配料的调控都是他擅长之处。闪电泡芙是乐美颂的招牌之作。尼古拉斯承认是20年前来到乐美颂后，才真正理解了闪电泡芙的精髓。大多数的闪电泡芙由卡仕达酱和可可粉制成，而他的版本是混合了卡仕达酱和巧克力甘纳许，这样的闪电泡芙口味清甜且更有质感。从他来到这里后，这款巧克力闪电泡芙的配方就没怎么变过，当然有时也多放了些巧克力，或是少放了些糖。泡芙的口感不是又干又脆，而是精致而柔滑。泡芙由水、鸡蛋和牛奶制成，这些配料给泡芙带来漂亮的颜色和柔和的口感。泡芙的填馅用蛋黄制成，既不油也不黏腻。泡芙表面涂上美味的甘纳许，再融合些红果的微酸，闪电泡芙之王就是它了。

## 20个闪电泡芙

准备时间：1小时30分钟

制作时间：20～35分钟

### 材料

泡芙面糊

- 水90克
- 全脂牛奶90克
- 黄油70克
- 精盐2克
- 白砂糖4克
- T55面粉100克
- 鸡蛋5个

巧克力卡仕达酱

- 蛋黄80克
- 白砂糖80克
- 玉米粉40克
- 可可粉15克
- 全脂牛奶780克
- 巧克力甘纳许540克

巧克力甘纳许

- 全脂牛奶220克
- 乐美颂可可含量为60%的巧克力200克
- 乐美颂可可含量为74%的巧克力120克

巧克力镜面

- 全脂牛奶100克
- 葡萄糖浆30克
- 乐美颂可可含量为60%的巧克力130克
- 黑色巧克力镜面淋酱190克

## 制作

泡芙面糊

混合加热水、牛奶、黄油、盐和白砂糖。将事先过筛的面粉一次性倒入混合物中。大火烘干两三分钟。将鸡蛋逐个打进去，直至混合物变得柔滑。将混合物倒入裱花嘴直径16毫米的裱花袋中，将泡芙面糊挤出，长度为16厘米。将烤箱预热到220℃，将泡芙放入烤箱，立即将烤箱温度下调至180℃，烤制20～25分钟。烤到一半时，打开烤箱门，放出蒸气。做好后将泡芙放在烤架上静置。

巧克力甘纳许

牛奶加热至沸腾。将热牛奶浇在碎巧克力块上，充分搅拌直至混合物变得顺滑有光泽。放置待用。

巧克力卡仕达酱

混合搅打蛋黄、白砂糖和玉米粉，然后加入可可粉。加热牛奶至沸腾。将一部分牛奶浇在混合物上，让粉状混合物溶化。将所有混合物倒入平底锅中，充分搅打至浓稠。加热混合物至沸腾后继续加热1分钟。加入甘纳许，充分混合。在阴凉处保存。

巧克力镜面

混合加热牛奶和葡萄糖浆至沸腾。将混合物浇在压碎的巧克力和巧克力镜面淋酱上，充分混合直至混合物变得柔滑有光泽。镜面的最佳使用温度是45℃。

装饰和收尾

将巧克力卡仕达酱倒入裱花嘴直径0.6毫米的裱花袋中，在闪电泡芙底部扎开3个小洞，挤入70～75克的卡仕达酱。给泡芙表面涂上巧克力甘纳许和镜面淋酱即可。

# 柠檬蛋白霜闪电泡芙

## ÉCLAIR CITRON MERINGUÉ

格雷戈里·科恩（我的闪电泡芙甜品店）

GRÉGORY COHEN (MON ÉCLAIR)

### 为您现场量身定做的甜品店

灵感通常都从疑惑中来，格雷戈里·科恩就有了这样一种奇思妙想，将盘中的甜点和人们抓在手里的小零食结合起来，闪电泡芙就是他的最佳选择。泡芙、奶油霜或是甘纳许、内部的填馅（果酱、果仁酱、糖渍果子）、还有多样的顶部装饰……主厨尊重季节，按照时令的变化，使用的水果也跟着变化。每种水果的使用时间都不超过3个月，有机水果，甚至是干果都不用。面粉也是换着用（大米粉、玉米粉），都是为了做出松脆又美味的泡芙。柠檬蛋白霜是格雷戈里·科恩的最爱，他将这种蛋白霜与泡芙搭配起来，做出最畅销的甜点，还有巧克力的、果仁酱的，其他的如杏味泡芙、迷迭香泡芙、开心果泡芙等也很受欢迎。在这家店，有些泡芙是现场制作的，顾客也可以按照自己的喜好自由搭配，让甜品师为您量身定做。这充满无尽可能的甜品啊……

### 20个闪电泡芙

准备时间：2小时　静置时间：6小时30分钟
制作时间：1小时30分钟

### 材料

脆饼干
- 黄油膏70克
- 粗红糖60克
- 大米粉70克

无筋泡芙
- 水100克
- 牛奶100克
- 黄油80克
- 盐2克
- 大米粉65克
- 玉米面粉40克
- 鸡蛋3个

柠檬酱
- 黄柠檬5个
- 绿柠檬1/2个
- 顿加豆1/2个
- 果酱专用糖100克

柠檬奶油酱
- 明胶2片
- 黄柠檬2个
- 鸡蛋2个
- 白砂糖100克
- 黄油70克
- 全脂淡奶油25克
- 绿柠檬皮碎1/2个柠檬的量

酸蛋白霜
- 蛋清1个
- 白砂糖60克
- 绿柠檬皮碎1/2个柠檬的量

装饰和收尾
- 绿柠檬皮碎1个柠檬的量

me
(mon eclair)

me

## 制作

### 脆饼干

将黄油膏、粗红糖和大米粉放入电动打蛋机的搅拌槽中，用叶状搅拌棒搅拌均匀。将混合物放在2张烤纸中间，用擀面杖将面糊擀成厚1毫米的面皮。在阴凉处放置30分钟后，切成一些长13厘米、宽3厘米的长方形，冷冻保存。

### 无筋泡芙

在平底锅中混合加热牛奶、水、黄油和盐至沸腾。将火调小，加入提前过筛的大米粉和玉米面粉，用刮刀充分搅拌。当混合物可以和锅内壁分离时，将平底锅离火，将鸡蛋打进去。将混合物倒入带有裱花嘴的裱花袋中，挤出长13厘米的泡芙面糊。将长方形的脆饼干放在泡芙上，放入烤箱，200℃烤制30分钟。

### 柠檬酱

将1个黄柠檬和1/2个绿柠檬切薄片。将柠檬片放入装有冷水的平底锅中，加热至沸腾。将水倒出，再重复上面的步骤，让柠檬片的味道变淡。用剩下的柠檬榨出300克柠檬汁。将顿加豆搓碎。在平底锅中混合加热柠檬汁、柠檬片、果酱专用糖和顿加豆至沸腾，用搅拌棒搅拌。沸腾后将混合物倒出，放入冰箱冷藏。

### 柠檬奶油酱

将明胶泡入冷水中。用黄柠檬榨出120克柠檬汁。在平底锅中放入鸡蛋、白砂糖和柠檬汁，文火加热至沸腾，加热过程中要不断搅拌。平底锅离火，加入明胶，使混合物自然冷却至40℃。加入黄油。用手持式带刀头的均质机搅拌后加入淡奶油和绿柠檬皮碎。在冰箱中冷藏6小时。

### 酸蛋白霜

打发蛋清。当蛋清起泡时，分3次加入白砂糖，持续搅拌直至形成硬性蛋白霜。加入绿柠檬皮碎。将混合物倒入装有裱花嘴的裱花袋中，挤出蛋白霜。在烤箱中100℃烤制1小时。

### 装饰和收尾

使用柠檬酱给闪电泡芙填馅。用装有裱花嘴的裱花袋在泡芙表面挤出花环状的柠檬奶油酱，再装点上酸蛋白霜和一些绿柠檬皮碎。

# 梦幻甜心

# TITOU

## 菲利普·康帝辛尼

PHILIPPE CONTICINI

### 蛋糕的调味高于一切

就像菲利普·康帝辛尼经常说的那样，他的蛋糕就像温柔的抚摸，浸透人心。事实上，甜心是他妻子的外号，梦幻甜心这款甜点就是一种温柔的爱抚。品尝它总会唤起我们从前的记忆。美味的蛋糕、泡沫感丰富的奶油（与蛋黄酱有些相似）轻抚你的内心。盐之花的味道紧随其后，香草的芬芳扑面而来……蛋糕的外形是一个巨大的桃心，他代表菲利普·康帝辛尼对爱的理解。爱是温柔的、丰满的、给人安全感又令人舒适的。甜心一入口，就带来无与伦比的美味享受，芒果的味道绵长，带来浓郁的风味，饼底酥脆，整体柔滑，37℃的体温可以融化这甜心的全部。糅合了所有的味道，芒果百香果果糊的香味融入饼底，饼底的香味又缠绕着慕斯……只有经过数年的尝试才能让这甜点达到极致。

### 7～8人份

准备时间：2小时　静置时间：10小时
制作时间：16分钟

### 材料

**芒果百香果果糊**

- 芒果果泥58克
- 百香果果泥40克
- 绿柠檬汁17克
- 葡萄糖7.5克
- 白砂糖①15克
- NH果胶0.7克
- 白砂糖②3克

**百香果脆片**

- 烤杏仁50克
- 糖粉6克
- 白巧克力30克
- 黄油膏3克
- 盐之花1小撮
- 有亮片的薄脆17克
- 百香果子18克
- 香草粉2.5克
- 香草荚1/2个

**榛子饼干**

- 天然榛子粉50克
- 浓缩苹果汁①60克
- 苹果酱5.6克
- 蛋清①15克
- 蛋黄25克
- 马达加斯加波本香草荚1.5克
- 盐之花2小撮
- 玉米淀粉15克
- 糯米4克
- 栗子面粉9克
- 无筋泡打粉3.5克
- 椰子黄油40克
- 蛋清②60克
- 浓缩苹果汁②17克

**糖渍橙皮**

- 橙汁65克
- 白砂糖40克
- 橙子1个

**香草椰子慕斯奶油酱**

**蛋黄酱**

- 水40克
- 蛋黄40克
- 脱脂奶粉13克
- 葡萄糖8.5克

**慕斯奶油酱**

- 明胶2片
- 椰奶36克
- 半脱脂牛奶36克
- 香草荚15克
- 蛋黄26克
- 白巧克力110克
- 盐之花1小撮
- 椰子香精（超市有售）2.5克
- 打发的奶油160克
- 蛋黄酱80克

**白丝绒**

- 可可脂80克
- 中性食用油80克
- 白巧克力330克
- 食用二氧化钛10克

**装饰和收尾**

- 棕色色粉足量

## 制作

### 芒果百香果果糊

在平底锅中混合加热芒果果泥、百香果果肉、绿柠檬汁、葡萄糖和白砂糖①至30℃。混合果胶和白砂糖②，倒入之前的混合物中，用加长的搅拌棒搅拌并加热至沸腾。给烤盘包上食品保鲜膜，放1个长20厘米、宽15厘米的长方形模具。将115克的果糊倒入模具中，倒至1/4处即可。将果糊放入冰箱冷藏1小时，再冷冻3小时。冷冻好后用1个比刚才的模具短8毫米的模具塑形，去除多余的部分，马上将果糊放入冰箱冷冻，第1种填馅就做好了。

### 百香果脆片

将烤杏仁和糖粉放入榨汁机中搅碎，加入融化的白巧克力、黄油膏、盐之花、薄脆、百香果子、香草粉和香草荚中的香草籽。在铺有烤纸的烤盘上，将115克混合物擀成长20厘米、宽15厘米、厚4毫米的长方体，可以用长方形模具帮助塑形。擀好后放入冰箱冷冻至少1小时。

### 榛子饼干

将榛子饼干的前11种材料在沙拉盆中混合，充分搅打30秒。加入融化的椰子黄油。打发蛋清②，在蛋清膨胀起来的时候加入浓缩苹果汁②。用刮刀将蛋清和苹果汁倒入第1种混合物中。将混合物倒在长20厘米、宽15厘米的长方形模具中，抹开。在烤箱中用160℃烤制16分钟。取出后撒上冷冻好的百香果脆片。脆片融化后会粘在饼干上。当饼干放凉了，再将其放入冰箱冷冻几分钟，让脆片变硬。将饼干切成长10厘米、宽7.5厘米的长方形。

### 糖渍橙皮

将橙子洗净，用削皮器去皮，橙皮上尽量不要留有白色的筋膜，筋膜会有苦味。将水倒入小平底锅中一半的位置，放入橙皮，加热至沸腾。用滤网过滤橙皮和水，仅留下橙皮。将以上步骤重复2遍。在平底锅中混合加热橙皮、橙汁和白砂糖，中火加热40~45分钟。当橙汁浓缩后（只剩下几勺橙汁的量），就将混合物放入榨汁机中。将30克榨好的糖渍橙皮铺在榛子脆片饼干上。

### 香草椰子慕斯奶油酱

**蛋黄酱**

将所有材料放入电动打蛋器的搅拌槽中搅拌，然后隔水加热到60℃。用打蛋器打发混合物，直至混合物完全变冷。

**慕斯奶油酱**

将明胶泡入冷水中。混合加热椰奶、半脱脂牛奶和香草荚至沸腾。将热的液体浇在蛋黄上。充分混合后，将混合物倒入平底锅中，继续加热并搅拌，直至温度达到83℃。将混合物浇在白巧克力和明胶上。加入盐之花。用加长搅拌棒搅拌3秒钟后加入椰子香精。让混合物冷却至21℃。用刮刀加入蛋黄酱和打发的奶油。

### 白丝绒

隔水以60℃融化所有材料，用搅拌棒搅拌。

### 装饰和收尾

将慕斯奶油酱倒入长14.2厘米、宽13.7厘米、高5厘米心形模具中。放上1片芒果百香果填馅。轻轻压一下，让填馅和奶油酱充分贴合。在上面倒上150克的慕斯奶油酱。再盖上1片芒果百香果填馅，挤上少量慕斯奶油酱。放上榛子脆片饼干，压一下，将奶油酱挤到饼干周围。用抹刀修整，去除多余的奶油酱。将甜点放入冰箱冷冻大约6小时。取出后脱模。用喷枪将白丝绒装饰在甜点上。最后在甜点上撒一些棕色色粉，再等待6小时就可以品尝了。

# 月色秋声

# ÉQUINOXE

## 西里尔·利尼亚克、贝努瓦·科沃朗（烘焙之家甜品店）

CYRIL LIGNAC ET BENOÎT COUVRAND (LA PÂTISSERIE)

**风格明显的蛋糕，来自于一位烘焙师和烹饪家**

西里尔·利尼亚克一定是想制作一款有关秋天、有关月亮的蛋糕。蛋糕的口味和颜色（覆盆子的红色、柠檬的黄色）完美地融合起来，最终，这款“月色秋声”外观是灰色的。这是西里尔·利尼亚克钟爱的作品，代表了他糅合传统（香草、焦糖、脆饼干）与现代（灰色喷粉）的烘焙风格。如果颜色吊起了您的胃口，味道则会让您放下心来，正是这样的反差令他着迷。红色的小气泡更像是来自一位烹饪家的创作。入口就令人沉醉，打发的甘纳许绵长又柔软，香草新鲜、浓郁，咸味的焦糖轻抚味蕾，饼干的味道回荡在口中。在各元素的冲撞中，奇妙的化学反应带来了故事和美味。

### 4人份

**准备时间：** 2小时 **静置时间：** 26小时
**制作时间：** 20分钟

### 材料

**甜面糊**
- 黄油10克
- 杏仁粉4克
- 马铃薯淀粉63克
- 盐0.2克
- 糖粉10克
- 鸡蛋6克
- 面粉20克

**酥脆果仁酱与比利时脆饼干**
- 烤好的甜面糊30克
- 比利时脆饼干碎30克
- 油脂含量为60%的榛子酱25克
- 可可脂8克

**焦糖奶油霜**
- 明胶粉1克
- 泡明胶的水6克
- 白砂糖40克
- 水10克
- 香草荚1个
- 脂肪含量为35%的淡奶油①15克
- 脂肪含量为35%的淡奶油②60克
- 蛋黄30克

**打发的香草甘纳许**
- 明胶粉5克
- 泡明胶的水30克
- 淡奶油620克
- 香草荚3个
- 爱乐薇白巧克力140克
- 香草提取液2克

**灰丝绒**
- 爱乐薇白巧克力80克
- 可可脂100克
- 黑色着色剂0.3克

**红色镜面**
- 明胶粉3克
- 泡明胶的水20克
- 无色镜面果胶80克
- 红色着色剂0.3克

## 制作

### 烤好的甜面糊

将黄油倒入多功能搅拌机中搅拌成膏状。加入杏仁粉、淀粉、盐和糖粉，充分混合后加入鸡蛋和面粉。

持续搅拌，当混合物变得均匀后，捏成球状，包上保鲜膜，在阴凉处放置1小时。在烤纸上将面团擀成面皮，放入烤箱，175℃烤20分钟。

### 酥脆果仁酱与比利时脆饼干

将烤好的面皮压碎，与饼干碎混合在一起，加入榛子酱和融化的可可脂，充分混合。将混合物倒在直径14厘米的圆形模具中，冷藏直至混合物变硬。

### 焦糖奶油霜

将明胶粉泡入冷水中。将白砂糖和水放入平底锅中，中火加热至产生颜色漂亮的焦糖。将香草荚去籽，一切两半，放入热奶油①中浸泡10分钟。加入冷的淡奶油②。混合蛋黄和焦糖，像制作英式奶油酱一样烹煮。加入融化的明胶。将混合物倒入直径14厘米的圆形树脂模具中，快速冷冻。

### 打发的香草甘纳许

将明胶粉在冷水中浸泡20分钟。加热一半的淡奶油，加入香草荚，泡十多分钟。过滤后倒入明胶。将沸腾的奶油分3次浇在巧克力和香草提取液上，得到适量的乳液。充分混合后，加入剩下的一半冷奶油。将奶油冷藏12小时后用电动打蛋器打发。

### 灰丝绒

融化巧克力后，加入热可可脂。一点点地加入黑色的着色剂。用搅拌棒搅拌后，在阴凉处保存。

### 红色镜面

将明胶粉在冷水中浸泡至少20分钟。加热镜面果胶。加入融化的明胶，再加入着色剂，在阴凉处保存。

### 装饰和收尾

将酥脆果仁酱与比利时脆饼干放在直径16厘米，高4厘米的圆形模具中，模具底部铺上防油纸。挤上第一层香草甘纳许，用抹刀在边沿处多抹一些。加入焦糖奶油霜，在奶油霜上再盖一层香草甘纳许，用抹刀将甘纳许表面修整光滑。将甜点冷冻至少12小时，取出后脱模，取下防油纸。将灰丝绒加热至45℃，用喷枪喷在甜点表面。重新加热红色镜面至25℃。将红色镜面装入裱花袋中，挤出像气泡一样的红色小点即可。

# 千层酥

# MILLEFEUILLE

## 雅恩·库夫勒尔

YANN COUVREUR

### 从宫廷甜点到橱窗宠儿

越是热爱烘焙，雅恩·库夫勒尔越是注重甜点的味道。没有多余的材料，没有多余的装饰，没有金粉，也不用着色剂，雅恩·库夫勒尔执着于创造更经典的味道。现场制作曾经是他烘焙店的一大创新。那段时间，宫廷甜点出现在烘焙店的橱窗里，令他声名大噪。所有的美好故事似乎都从偶然开始，千层酥也是这样。雅恩是布列塔尼人，他曾经尝试制作很多次布列塔尼酥饼都失败了，最后意大利的帕尼尼给了他灵感，创作出了这款甜品，多么成功的例子！

雅恩·库夫勒尔版本的千层酥属于精品中的精品，千层非常精致、松脆，带有焦糖的味道，柔滑的卡仕达酱，还有来自马达加斯加的香草……令人无法抗拒。

### 4人份

**准备时间：** 1小时
**静置时间：** 3小时30分钟

### 材料

**香草粉**

- 大溪地香草荚3个
- 马达加斯加香草荚3个
- 留尼旺岛香草荚3个

**布列塔尼酥饼**

- T45面粉350克
- 黑麦面粉55克
- 盐之花12克
- 干酵母7克
- 干黄油370克
- 水200克
- 白砂糖255克
- 赤砂糖75克

**卡仕达酱**

- 全脂牛奶370克
- 香草荚1个
- 蛋黄90克
- 白砂糖75克
- 面粉20克
- 奶油布丁粉7克
- 打发奶油100克

### 制作

**香草粉**

将所有干燥的香草荚粉碎后过筛。

**布列塔尼酥饼**

将面粉、盐之花、干酵母、干黄油和水先后倒入电动打蛋器的搅拌槽中，搅拌6分钟。将面团放在烤盘上，擀成正方形，冷冻30分钟，再冷藏1小时后略微解冻。混合搅拌白砂糖和赤砂糖。将面皮的两端分别折向中心，把折好的面皮对折。静置1小时后，将面皮擀开，重复刚才折叠的动作。将折叠并擀开的步骤再重复两次，之后将混合好的两种砂糖撒上去（留下少量砂糖）。将面皮擀至1厘米厚，撒上剩下的砂糖。在阴凉处放置几分钟后，将面皮卷成香肠状，放入冰箱冷冻。将冷冻好的面皮切成3毫米厚的薄片（3种长度不同的薄片），夹在两张烤纸中间，用烤帕尼尼的机器190℃烤1分钟。

**卡仕达酱**

加热牛奶至沸腾。将香草荚去籽后，倒入牛奶中浸泡30分钟后，取出香草荚。

混合搅打白砂糖和蛋黄，加入过筛的面粉和奶油布丁粉。重新加热牛奶至沸腾，将热牛奶倒入蛋黄和糖的混合物中，充分搅拌。将所有配料放入锅中，文火加热至沸腾后，再加热2分钟，加入打发的奶油。

**搭千层酥**

小心地挤出3条卡仕达酱的长条。一条挨一条地放在盘子中心。将最小的酥饼脆片盖在上面。重复以上的步骤，一层脆片盖着一层条形卡仕达酱，脆片由小到大叠加上去，最大的脆片盖在最上面。在千层酥和盘子上撒上香草粉即可。

# 芒果千层

## GÂTEAU DE CRÊPES À LA MANGUE

崔悦玲、亨利·布瓦萨维（糖轩甜品店）

YUELIN CUI ET HENRI BOISSAVY (T XUAN)

**糖轩，将中式千层带给巴黎，就像普鲁斯特笔下的玛德琳蛋糕一样美味**

糖轩是由三个中国学生和一个法国学生共同创立的。远离家乡的人们在这里找不到童年的味道，找不到可打开回忆之门的普鲁斯特笔下的玛德琳蛋糕。而中国的玛德琳蛋糕就是薄饼千层蛋糕，他们将这种蛋糕带到巴黎。很快，一些巴黎人好奇地来品尝这种从未见过的蛋糕。悦玲是奢侈品管理硕士，而亨利是比佛利商场卡地亚珠宝的鉴定师，他们都不是专业的烘焙师，更不会制作蛋糕。他们购买了千层蛋糕的配方，开设了这家门店。店里摆放着来自香港的传统中式家具，颜色红绿交错，墙上装饰有中国瓷器，风格富有禅意。千层搭配芒果、抹茶或榴梿（被誉为热带果王），用勺子尝一口，满嘴香醇，味道在舌头上轻柔地荡漾后消逝，带来属于亚洲的味道，柔软、绵长。这是巴黎甜品店超级棒的新成员。

### 12人份

准备时间：1小时　静置时间：1小时
制作时间：30分钟

### 材料

**薄饼面糊**
- 面粉200克
- 鸡蛋3个
- 牛奶600克
- 黄油20克

**香缇奶油**
- 脂肪含量为35%的冷的淡奶油500克
- 白砂糖50克
- 芒果4个

**芒果果糊**
- 制作香缇奶油剩下的芒果
- 白砂糖足量

### 制作

**薄饼面糊**

将面粉倒入沙拉盆中，加入鸡蛋、牛奶，再倒入融化的黄油，充分混合后放置1小时。拿1个直径28厘米的平底锅，在锅底涂上黄油。待锅加热后，用长柄大汤匙将面糊倒进锅中，制作薄饼，重复这一步骤，直至面糊用完，待用。

**香缇奶油**

将淡奶油和白砂糖倒入电动打蛋器的搅拌槽中，充分搅打。将制作好的香缇奶油放在阴凉处保存。将芒果肉切成厚4毫米的薄片，待用。

**芒果果糊**

用手持式带刀头的均质机搅拌剩下的芒果，搅打成果糊。如果需要的话，加一些白砂糖。

**装饰和收尾**

将1张薄饼放在盘中，将香缇奶油抹在薄饼上。重复这个步骤10遍，在铺完第3张薄饼和第3层奶油后，要加上一层芒果。最后盖上一层薄饼。将芒果果糊倒在千层蛋糕上即可。

# “光与暗”口红蛋糕
# LIPSTICK CLAIR-OBSCUR

克莱尔·达蒙（蛋糕与面包烘焙坊）

CLAIRE DAMON (DES GÂTEAUX ET DU PAIN)

**“不管生活是否充满压力，覆盆子总会到来”**

克莱尔·达蒙的内心是个像聂鲁达一样的诗人。她替换水果的频率就像给日历翻页一样快。在心情莫名躁动时，她会想想这美丽的季节，呢喃着，并平静下来，“不管怎么说，覆盆子总会到来。”她很重视按季节的变化选择食材，并非常善用各种水果，新品也总是随着季节和天气应运而生。她制作的甜点看起来美观、让人舒服，不那么奢华。唯一奢侈的地方，就是时节。口红蛋糕的制作受到服装设计大师库雷热的启发（他设计了塑料光面的夹克和亚光连衣裙）。甜点的表面有聚氯乙烯材料一般的光泽，底部则像亚光裙子一般。一口咬下去，杏仁的酥脆立即让人赞叹，然后涌现的是粗红糖和杏仁奶油慕斯的味道，紧接着是法式焦糖布丁和黎巴嫩柑橘花的清甜。在埃塞俄比亚咖啡的微酸之后，所有的味道在嘴里融合，冷和热，酥脆与绵软，奶黄酱、香缇奶油和焦糖布丁……只有品尝，才能理解它的美味。

**8人份（2块4人份的蛋糕）**

准备时间：2小时30分钟　静置时间：20小时

制作时间：32分钟

## 材料

**咖啡卡仕达酱**
- 牛奶130克
- 蛋黄20克
- 白砂糖1小撮
- 玉米淀粉浆10克
- 核桃大小的黄油膏1块
- 埃塞俄比亚咖啡12克

**咖啡黄油奶黄酱**
- 牛奶30克
- 埃塞俄比亚咖啡粉4克
- 蛋黄180克
- 白砂糖①25克
- 水15克
- 白砂糖②35克
- 蛋清25克
- 黄油膏130克

**埃塞俄比亚咖啡奶黄酱**
- 咖啡黄油奶黄酱250克
- 咖啡卡仕达酱90克

**赤砂糖薄脆**
- 新鲜黄油70克
- 赤砂糖70克
- 杏仁碎50克
- T45面粉20克
- 盐之花1小撮

**杏仁酱**
- 黄油40克
- 糖粉40克
- 杏仁粉40克
- 鸡蛋30克
- 咖啡卡仕达酱16克
- 牛奶6克
- 熟的赤砂糖薄脆180克

**饼干底**
- 蛋清40克
- 白砂糖30克
- 蛋黄25克
- 淀粉16克
- T45面粉16克
- 意式浓咖啡（用来泡饼干）1杯

**焦糖布丁与柑橘花水**
- 明胶1片
- 牛奶70克
- 奶油100克
- 蛋黄40克
- 白砂糖25克
- 柑橘花水10克

**埃塞俄比亚咖啡香缇奶油**
- 明胶1片
- 新鲜液体奶油①80克
- 咖啡粉20克
- 新鲜液体奶油②160克
- 白砂糖40克

**咖啡镜面**
- 明胶1/2片
- 奶油85克
- 法芙娜专业可调温巧克力140克
- 埃塞俄比亚西达摩咖啡15克
- 无色镜面果胶60克

**象牙色镜面**
- 明胶1/2片
- 奶油85克
- 法芙娜专业可调温巧克力140克
- 无色镜面果胶60克

DES GATEAUX ET DU PAIN

DES GATEAUX ET DU PAIN

## 制作

### 咖啡卡仕达酱

加热牛奶至沸腾。混合搅打蛋黄、白砂糖、玉米淀粉浆。牛奶沸腾后，第一时间将其浇在混合物上，充分混合。将混合物倒入平底锅中用中火加热，并用刮刀充分搅拌。混合物沸腾后，立即将其倒入沙拉盆中，加入黄油膏,做成卡仕达酱。取出20克的卡仕达酱放在阴凉处，用于制作咖啡黄油奶黄酱。在剩余的卡仕达酱中倒入咖啡，使用手持式带刀片的均质机搅拌均匀，放在阴凉处保存。

### 咖啡黄油奶黄酱

制作英式奶油酱：将牛奶和咖啡粉倒入平底锅中加热至沸腾。搅打蛋黄和白砂糖①。牛奶沸腾后，立即浇在蛋黄和白砂糖的混合物上，充分搅拌。重新将混合物倒入平底锅中加热并不停搅动，做成英式奶油酱。当其温度达到85℃时，停止加热，倒入碗中。使用手持式带刀片的均质机搅打奶油酱后，倒入深盘中，使其冷却，在阴凉处保存。

制作意式蛋白霜：将水和白砂糖②倒入平底锅中加热，当糖浆温度达到110℃时，将蛋清倒入电动打蛋器的搅拌槽中搅拌。当糖浆温度达到121℃时，将糖浆倒入搅拌槽中。继续搅拌，直至混合物变温，做成意式蛋白霜，放置待用。将黄油膏倒入电动打蛋器的搅拌槽中，先加入冷却的英式奶油酱，再加入意式蛋白霜，搅拌均匀。加入咖啡卡仕达酱。将混合物倒入深盘中，包上保鲜膜，在阴凉处保存。

### 埃塞俄比亚咖啡奶黄酱

在带有蛋刷的电动打蛋器搅拌槽中混合咖啡黄油奶黄酱和咖啡卡仕达酱。搅拌均匀，取出倒入沙拉盆中。

### 赤砂糖薄脆

将黄油和赤砂糖倒入电动打蛋器的搅拌槽中，使用叶状搅拌棒搅拌。加入其余配料，混合物变软后，将混合物放在两张烤纸之间，用擀面杖擀开，取出放在烤盘上，放入烤箱，160℃烤制17分钟。将烤好的薄脆取出，用2个直径14厘米的环形模具压出两块圆形薄脆。

### 杏仁酱

在带有叶状搅拌棒的电动打蛋器中搅拌黄油，直至其呈膏状。加入杏仁粉和鸡蛋，再加入咖啡卡仕达酱和牛奶的混合物做成杏仁酱。将杏仁酱抹在赤砂糖薄脆上，将薄脆再次放入烤箱，180℃烤制10分钟。

### 饼干底

在电动打蛋器中打发蛋清，并逐步加入白砂糖。停止搅拌，加入蛋黄后搅打1秒钟。将过筛的淀粉和面粉加入到搅拌槽中混合，将混合物放在有洞并铺上烤纸的烤盘上，放入烤箱，190℃烤制四五分钟。

### 焦糖布丁与柑橘花水

将明胶浸入冷水中。制作英式奶油酱：在平底锅中混合加热牛奶和奶油。混合搅打蛋黄和白砂糖至其发白。将热的牛奶和奶油混合物浇在蛋黄和糖的混合物上，继续搅拌。将所有混合物倒入平底锅中文火加热，加热过程中要不停地搅动，直至混合物温度达到82℃，做成英式奶油酱。加入明胶和萃取的柑橘花水。将120克的混合物分别倒入2个直径14厘米的圆形树脂模具中，放入冰箱冷冻至少6小时。

### 埃塞俄比亚咖啡香缇奶油

将明胶浸入冷水中。加热新鲜的液体奶油①，2分钟后加入咖啡粉，过滤。加入明胶，再加入冷的液体奶油②，制成咖啡香缇奶油，在阴凉处保存。大约12小时后，混合打发白砂糖和香缇奶油，在阴凉处保存。

### 咖啡镜面

将明胶浸入冷水中。加热奶油至沸腾，将锅离火后加入明胶。将奶油浇在巧克力上，然后加入咖啡，用刮刀搅拌。将无色镜面果胶浇在前一步骤的混合物上，搅拌后过滤，充分混合。咖啡镜面的最佳使用温度是35℃。

### 象牙色镜面

所有步骤都与制作咖啡镜面相同，只是不加入咖啡。

### 装饰和收尾

将咖啡奶黄酱在电动打蛋器的搅拌槽中搅打变软，然后倒入装有裱花嘴的裱花袋中。在高2厘米，直径16厘米的圆形模具中制作出奶黄酱环形细带。放上赤砂糖薄脆。从四周到中心盖上一层奶黄酱，放上柑橘花水和焦糖布丁的混合物，压紧。用奶黄酱再抹一遍，让表面变得光滑，放入冰箱冷冻6小时。制作蛋糕的另一部分：用蛋抽打发咖啡香缇奶油后倒入直径16厘米的模具中，倒至一半的深度。用勺子舀些意式浓咖啡倒在饼干上，将饼干浸透。将饼干填进香缇奶油中。继续放入香缇奶油，直至与模具同高。用弯抹刀抹平，放入冰箱冷冻至少2小时。给咖啡奶黄酱蛋糕脱模，将咖啡镜面淋在冷冻好的奶黄酱蛋糕上。将做好的蛋糕放入盘中。给香缇奶油蛋糕脱模，将象牙色镜面淋在蛋糕上。将象牙色蛋糕放在奶黄酱蛋糕上。等待6小时，待蛋糕解冻后即可品尝。

# 创意车轮泡芙

## PARIS-TENU !

弗朗索瓦·多比内

FRANÇOIS DAUBINET

### 令人惊奇的自由选择与搭配

多比内所有甜点的制作灵感几乎都来自艺术品，比如绘画、雕塑、珠宝等。他制作的这款创意车轮泡芙就是受到一件雕塑艺术品的启发，最终呈现出这款走心的、前所未见的甜点作品。榛子和黑芝麻是极好的开端，一口下去，香味溢满整个口腔。迷你泡芙的香脆口感，榛子蛋糕和黑芝麻的结合，松脆的榛子、榛子甘纳许、黑芝麻酱以及巴伐利亚榛子酱的完美糅合，真是一项异乎寻常的大工程。弗朗索瓦·多比内坚持挑战创新的极限，同时注重味道的完美平衡。这是一款在做巡展的甜点，是顶级大厨为您推荐的下午茶点心，很快就会来到巴黎。

**8人份**

准备时间：4小时　静置时间：4小时20分钟

制作时间：44分钟

### 材料

**榛子蛋糕**
- 天然榛子粉22.5克
- 粗红糖11.2克
- 赤砂糖7.5克
- 糖粉8克
- 蛋清①6.5克
- 黑芝麻1克
- 蛋黄7.5克
- T55面粉10克
- 泡打粉1克
- 精盐0.1克
- 榛子黄油21.5克
- 蛋清②25克
- 白砂糖3.5克

**柠檬糖浆**
- 水60克
- 白砂糖6克
- 黄柠檬1个

**黑芝麻酱**
- 新鲜黑芝麻120克
- 白砂糖80克
- 盐之花0.2克

**松脆杏仁糖**
- 淡黄油 20克
- 过筛糖粉20克
- 玉米粉24克
- 天然杏仁粉11克
- 精盐0.4克
- 爆米花20克
- 烤过的碎杏仁5克
- 法芙娜欧帕丽斯专业可调温巧克力20克
- 榛子面糊25克

**榛子甘纳许**
- 全脂牛奶112.5克
- 脂肪含量为35%的淡奶油12.5克
- 精盐0.5克
- 香草荚1/2个
- 牛奶榛子糖 75克
- 榛子面糊75克

**榛子乳质涂层**
- 可可脂60克
- 可可含量为40%的法芙娜吉瓦那专业可调温巧克力60克
- 烤过的碎榛子15克

**巴伐利亚榛子酱**
- 鱼胶粉2克
- 脂肪含量为35%的淡奶油100克
- 榛子酱120克
- 柔软的打发奶油150克

**泡芙**
- 全脂牛奶125克
- 水125克
- 黄油115克
- 精盐5克
- 白砂糖5克
- T55面粉140克
- 鸡蛋250克

**巧克力镜面**
- 鱼胶粉9克
- 水110克
- 葡萄糖150克
- 白砂糖150克
- 浓缩甜牛奶100克
- 可可含量为75%的法芙娜恩多克巧克力180克
- 葡萄子油25克

## 制作

### 榛子蛋糕

在多功能搅拌机中混合榛子粉、糖、蛋清①、黑芝麻、蛋黄、面粉、泡打粉和盐。加入榛子黄油后，将混合物搅拌均匀。打发蛋清②，同时逐步加入白砂糖。用刮刀仔细搅拌两种混合物，倒入直径3厘米的半球形模具中。在烤箱中以165℃烤制13分钟。取出后立即脱模，将蛋糕放在烤架上。

### 柠檬糖浆

混合加热白砂糖和水至沸腾，加入柠檬皮和柠檬汁制成糖浆。用大约45℃的糖浆浸透温的蛋糕。

### 黑芝麻酱

将黑芝麻放在烤盘上，盖上8毫米厚的硅胶盖子。将烤箱温度调至160℃烤制10分钟。制作焦糖：将白砂糖放入锅中，文火加热，一旦焦糖颜色变成清亮的棕色，立即加入盐之花。将焦糖浇在芝麻上，室温下冷却。在多功能搅拌机中搅拌，得到质地均匀的黑芝麻酱。注意：如果您的搅拌机功率不够大，可能会出现机器过热的情况。

### 松脆杏仁糖

将淡黄油和糖粉放在多功能搅拌机的搅拌槽中或沙拉盆中，加入玉米粉、杏仁粉和盐，搅拌均匀后，放入铺上烤纸的烤盘中，入烤箱以165℃烤制16分钟，取出后放在烤架上冷却。将爆米花、碎杏仁和融化的欧帕丽斯巧克力加入杏仁面糊，搅拌均匀后铺在烤盘上。冷却20分钟后，用刀将其碾碎。

### 榛子甘纳许

混合加热牛奶、奶油、盐和香草荚至85℃。将混合物浇在碾碎的牛奶榛子糖和榛子面糊上，使其充分乳化，通过搅拌让质地更加均匀。将混合物倒入直径3厘米的半球形模具中，用碎杏仁糖覆盖，放入冰箱冷冻至少4小时。将剩下的甘纳许放置在阴凉处，收尾时使用。

### 榛子乳质涂层

融化可可脂，加入可调温的巧克力。混合物在45℃时加入碎榛子，制成榛子乳质涂层，用涂层包裹榛子甘纳许，放置待用。

### 巴伐利亚榛子酱

将鱼胶粉泡入水中。加热奶油至80℃，加入鱼胶。将混合物分多次浇在榛子酱上，让榛子酱充分乳化后搅拌均匀。在混合物30℃时，加入打发的奶油。将混合物倒入球形模具中，在冰箱中保存。

### 泡芙

混合加热牛奶、水、黄油、盐和白砂糖至沸腾。将锅离火后，加入过筛的面粉。将混合物在火上烘干1分钟，倒入电动打蛋器的搅拌槽中，一点点加入鸡蛋。用裱花袋做出3种不同大小的迷你泡芙球，在烤箱中以185℃烤制10～15分钟。

### 巧克力镜面

将鱼胶粉泡入冷水中。加热葡萄糖、白砂糖和水至102℃。加入鱼胶和浓缩甜牛奶，用刮刀充分搅拌。加入巧克力葡萄子油，用手持带刀头的均质机再次搅拌均匀。注意不要让太多空气混入混合物中，在阴凉处保存。使用镜面的理想温度是40℃。

### 装饰和收尾

按照以下步骤制作直径3.5厘米的球形内馅。
最底部放置的是浸透的蛋糕、黑芝麻酱，上面是榛子甘纳许、松脆杏仁糖。将以上部分内馅放在巴伐利亚榛子酱中，再用巴伐利亚榛子酱包裹，得到直径5厘米的圆球。用榛子甘纳许将大小不同的泡芙粘在球形内馅的表面。最后，用巧克力镜面淋酱给甜点制作漂亮的镜面即可。

# 阿里巴巴蛋糕

## ALI BABA

塞巴斯蒂安·德卡尔丹

SÉBASTIEN DÉGARDIN

**“我什么都没创造，只是稍加创新而已”**

塞巴斯蒂安·德卡尔丹就是单纯地热爱烘焙，与他是否从事这个行业无关。他非常谦虚，他认为，烘焙领域近年的创作主要都是泡芙和千层这些经典之作。与之相比，他的尝试则更加多样，反其道而行之。他制作的糕点总是带来出人意料的美味，他会根据不同的需求制作适合不同场合的糕点。如果是一时兴起，就来个苹果挞或是巧克力闪电泡芙吧。如果是朋友间的聚会，来几种不同的经典蛋糕。如果是周末的家庭聚会，就一起来分享一个大的巴黎车轮泡芙或是圣欧诺蛋糕吧。塞巴斯蒂安的阿里巴巴蛋糕非常独特，看起来丰盈又灵动。意大利式香草蛋黄酱作底，泛起阵阵柑橘香，香草味浸透了蛋糕，带来非同寻常的绵柔口感。一小管朗姆酒，香味一丝一丝地渗透其中。

### 10个阿里巴巴蛋糕

准备时间：1小时30分钟
制作时间：26分钟
静置时间：31小时

### 材料

**阿里巴巴面糊**

- 伊兹密尔黑葡萄干20克
- 干酵母20克
- 水100克
- 粗麦面粉或低筋面粉250克
- 黄油62克
- 白砂糖10克
- 盐之花5克
- 鸡蛋175克
- 黄油膏足量

**糖浆**

- 黄柠檬2个
- 橙子1/2个
- 白砂糖750克
- 香草荚1/2个
- 水1500克
- 朗姆酒足量

**香草奶油酱**

- 水180克
- 白砂糖100克
- 香草荚1/4个
- 脂肪含量为35%的淡奶油200克
- 明胶3.5克
- 蛋黄45克
- 香草萃取液3.5克

**杏子镜面**

- 杏子镜面酱125克
- 水25克

**装饰和收尾**

- 杏子酒足量
- 朗姆酒足量
- 塑料小管足量

### 制作

**阿里巴巴面糊**

用刀切碎葡萄干。将干酵母倒入水中。将面粉和黄油放入电动打蛋机的搅拌槽中，充分混合后加入酵母。加入糖、盐，一点点地加入鸡蛋。不停搅拌直至混合物变得均匀、有光泽。加入葡萄干，再搅拌3分钟。让混合物在25～29℃发酵，之后给面糊排气，迅速搅拌，将面糊发酵产生的二氧化碳挤出。将面糊倒入带有裱花嘴的裱花袋，挤入萨瓦兰模具中。要提前给模具上抹上黄油。将混合物放在25～30℃的环境中，继续发酵30分钟，面糊完全发好后，将其放入烤箱，180℃烤制20分钟。给阿里巴巴蛋糕脱模。然后将蛋糕放在烤架上，180℃再烤6分钟。烤好后，将蛋糕放在冷的烤架上，在干燥处放置一晚。

**糖浆**

用削皮器给柠檬和橙子去皮。混合白砂糖、香草荚、柠檬皮和橙皮。加水后加热至沸腾，制成糖浆，盖上保鲜膜放置24小时。第2天用滤勺过滤糖浆，然后加热至沸腾。将阿里巴巴蛋糕浸在糖浆中，注意要完全浸透。将浸好的阿里巴巴蛋糕放在烤架上，让多余的糖浆流下。淋一点儿朗姆酒为蛋糕调香。

**香草奶油酱**

混合加热白砂糖和水做成糖浆，放置待用。将香草荚去籽后，加入奶油中，泡至少6小时。待奶油变冷后，取出香草荚，用电动打蛋器打发奶油。奶油在搅拌棒上立住，即表示已经打好，放入冰箱冷藏。将明胶泡在冰水中。混合蛋黄、糖浆和香草萃取液，在微波炉中小功率加热，然后过滤。在电动打蛋器中打发混合物，使颜色变白，体积变成原来的2倍。加入隔水融化的明胶，一点儿打发的奶油，小心搅拌，放置待用。

**杏子镜面**

加水融化的杏子镜面酱，加热至沸腾，放置待用。

**装饰和收尾**

将用萨瓦兰模具制作出的阿里巴巴蛋糕倒过来。在表面上浇上杏子镜面酱。在小碗里涂满香草奶油酱，将蛋糕盖在上面。最后，将朗姆酒倒进塑料小管里，再插进蛋糕中即可。

# 圣特罗佩蛋糕

# LA TROPÉZIENNE

## 罗兰·法吾尔-莫特

LAURENT FAVRE-MOT

### 巴黎的马赛风情

罗兰·法吾尔-莫特生于法国南部的瓦尔省，圣特罗佩蛋糕是她永恒的最爱。她融合了两种元素，奶油和布里欧修面包，带来轻柔的口感。她做蛋糕十分注重奶油的运用，融合了英式奶油酱、马斯卡彭奶酪、香缇奶油和香草，奶油的甜味很淡，甜味交给布里欧修面包上的糖粒去完成。一口咬下去，糖粒在齿间轻响。整个作品乳香四溢，柔滑且轻盈，还有淡淡的橙花味道，橙花的香味都浸透在布里欧修表面的糖浆中。圣特罗佩蛋糕要用两只手拿起来吃，就像吃三明治那样，口感外脆内柔。在冬天配上巧克力牛奶、杏仁奶油酱和焦糖榛子，为寒冷的天气增添一分甜蜜与温暖。

### 6-8人份

**准备时间：** 1小时　**静置时间：** 12小时

**制作时间：** 20～30分钟

### 材料

**布里欧修面包**

- T45面粉350克
- 盐8克
- 白砂糖45克
- 湿酵母12克
- 鸡蛋5个
- 黄油（常温）220克
- 珍珠糖粒足量

**贵夫人卡仕达酱**

**卡仕达酱**

- 明胶1片
- 香草荚2个
- 全脂牛奶250克
- 蛋黄80克
- 白砂糖40克
- 淀粉15克

**打发奶油**

- 脂肪含量为35%的淡奶油200克

### 制作

**布里欧修面包**

将面粉、盐、白砂糖、湿酵母和4个鸡蛋放在打蛋器的搅拌槽中搅拌，注意打蛋器要选择带搅拌勾的。10分钟后加入切成方块的黄油，搅匀。7分钟后将面团倒在沙拉盆中，包上保鲜膜，在阴凉处保存一晚。第2天，将面团揉捏成球状。在常温下醒发2小时。将最后1个鸡蛋打成鸡蛋糊。当面团已经发起来一些时，小心地用刷子将鸡蛋糊刷在布里欧修面团上。撒上珍珠糖粒。在烤箱中，以170℃烤20～30分钟。取出后放在烤架上冷却。

**贵夫人卡仕达酱**

**卡仕达酱**

将明胶泡入水中。将香草荚切开，取出香草籽。将香草籽和牛奶倒入平底锅中，混合加热至沸腾。在这期间，将蛋黄倒进沙拉盆中，加入白砂糖和淀粉，用蛋刷搅打使其变白。等牛奶沸腾后，将其迅速倒在前一步的混合物上，取出香草籽，加入明胶，充分混合。将混合物倒进平底锅中，文火加热，不停搅拌，直至混合物变得浓稠，倒入深盘中，包上保鲜膜，在阴凉处放置至少2小时。

**打发奶油**

将奶油放在电动打蛋器的搅拌槽中，持续搅拌直至奶油质地变硬，倒入碗中。将冷的卡仕达酱放入搅拌槽中，充分搅拌使其变得柔滑，加入打发的奶油，混合搅拌，做成贵夫人卡仕达酱。

**装饰和收尾**

用带锯齿的刀切开布里欧修面包。将贵夫人卡仕达酱倒入裱花嘴直径10毫米的裱花袋中，在布里欧修面包底层挤出漂亮的奶油圆球，再用1块布里欧修面包盖在上面即可。

# 百分百诺曼底莎布蕾奶油棒

## 100 % NORMANDE

### 让-弗朗索瓦·富歇

JEAN-FRANÇOIS FOUCHER

**“当所有的原料都来自同一地区时，它们搭配得是那么和谐”**

让-弗朗索瓦·富歇住在巴黎，他在诺曼底还有一所带果园的房子。果园里的食材让他能够根据时令变化制作不同的烘焙作品。他说：“烹饪大师们早就发现，美食的制作要让季节来做决定。”在诺曼底，不需要出远门就可以制作想要的蛋糕，在身边就能找到合适的食材：鸡蛋、牛奶、奶油、苹果、面粉。在这款诺曼底糕点上，我们能找到传统的诺曼底特色，这也是让-弗朗索瓦·富歇的烘焙特色。管状的蛋糕和奶牛的颜色富有现代气息，融合成一个介于塔坦苹果挞和提拉米苏之间的糕点。这款糕点要放在盘子里，用刀和叉来品尝。第一口吃下去是醇香的奶油，带来油而不腻、柔滑、微酸、无可替代的绝妙享受。接着是用来酿酒的苹果的味道，微涩但醇厚，然后是诺曼底莎布蕾，圆润、松软，让人有微醺的感觉。一款充满诺曼底风情的蛋糕。

### 15块百分百诺曼底莎布蕾奶油棒

**准备时间：** 1小时30分钟　**静置时间：** 30小时
**制作时间：** 7分钟

### 材料

**苹果糊**

- 用来酿酒的苹果1千克
- 白砂糖①200克
- 香草荚1个
- 苹果酒200克
- 琼脂12克
- 白砂糖②20克

**奶油**

- 脂肪含量为35%的淡奶油350克
- 蛋黄105克
- 白砂糖195克
- 水73克
- 明胶10克
- 伊斯尼浓奶油350克

**莎布蕾**

- 黄油400克
- 面粉1千克
- 马铃薯淀粉150克
- 杏仁粉150克
- 盐25克
- 蛋黄5克

**装饰和收尾**

- 白巧克力足量

### 制作

**苹果糊**

将苹果去皮、去子、切成小丁。在平底锅中混合加热香草荚和白砂糖①，用苹果酒融化锅底的焦糖，然后将苹果丁放入锅中煮14分钟，做成苹果糊。混合琼脂和白砂糖②，倒入做好的苹果糊中，加热至80℃，将苹果糊倒入高1厘米、直径30厘米的圆形模具中，在阴凉处保存。

**奶油**

将淡奶油倒入电动打蛋器的搅拌槽中，持续搅打奶油直至打发，在阴凉处保存。将蛋黄、白砂糖和水倒入平底锅中，搅打至发白，文火加热并持续搅拌至沸腾。加入提前在冷水中泡软的明胶、浓奶油，再加入打发的奶油，在阴凉处保存。

**莎布蕾**

混合黄油、面粉、淀粉、杏仁粉和盐，制作莎布蕾面团。加入蛋黄，冷藏24小时。将莎布蕾面团擀开，擀成长10厘米，宽1厘米，厚2毫米的长方形方块，放入烤箱，180℃烤制7分钟。

**装饰和收尾**

将奶油倒在装有裱花嘴的裱花袋中。在长10厘米、直径3厘米的管状模具中先挤上奶油，再加入苹果糊，最后放上莎布蕾，低温下保存6小时。给糕点脱模，在糕点外裹上1张奶牛花纹的塑料纸，塑料纸上的白色是用白巧克力制作而成的。在冰箱中冷藏20分钟后，剥下塑料纸即可。

# 小歌剧院蛋糕

## L'OPÉRETTE

玛乔丽·富尔卡德、小户沙织（富尔卡德糕点店）

MARJORIE FOURCADE ET SAORI ODOI (FOUCADE)

**制作既美味又健康的烘焙作品，偶尔还有天马行空的想象**

玛乔丽·富尔卡德一直希望能够解决烘焙中健康与美味的矛盾，她最难容忍的就是过量的麸质和糖，也不满足于只使用水果和谷物，她要制作出前所未见的新作品，倡导让糕点既健康又好吃的烘焙理念。所有的食材都要非常新鲜，甚至包括果仁酱和果泥。她选用有机巧克力来制作这款小歌剧院蛋糕。在品尝时，不要将糕点的各个部分分开品味，直接一勺舀下去，因为单独品尝任何一层都不能带来和谐的口感，比如您会感觉口味重了或是淡而无味。只有各层口味融合在一起时，才能带来奇妙的完美感受。既轻柔又浓烈的小歌剧院蛋糕。

### 4人份

准备时间：2小时30分钟
制作时间：24分钟
静置时间：5小时

### 材料

**巧克力烤面屑**

- 天然杏仁粉44克
- 糙米粉1克
- 非精炼盐30克
- 可可粉12克
- 有机原榨蔗糖22克
- 精选第一道冷榨菜籽油15克
- 糙米汁15克

**薄脆**

- 巧克力烤面屑71克
- 可可含量为70%的专业可调温生巧克力36克

**巧克力饼干**

- 蛋黄34克
- 有机原榨蔗糖16克
- 蛋清72克
- 生可可粉7克

**巧克力香缇奶油**

- 麦乐超高温处理无乳糖奶油145克
- 可可含量为70%的专业可调温生巧克力89克
- 可可含量为100%的专业可调温生巧克力11克
- 麦乐无乳糖冷奶油218克

**装饰用巧克力片**

- 可可含量为70%的专业可调温生巧克力200克

**巧克力糖浆**

- 水41克
- 生可可粉6克
- 有机原榨蔗糖4克

### 制作

**巧克力烤面屑**

在圆形容器内混合杏仁粉、糙米粉、盐、可可粉和有机原榨蔗糖，加入冷榨菜籽油后用手搅拌，然后加入糙米汁迅速搅拌。将混合物在巧克力造型专用玻璃纸上铺开，厚度为7厘米，之后要用作装饰。在烤箱中以160℃烤制12～15分钟，取出后将其放入冰箱冷冻，这样切起来更容易。将冷冻后的混合物切成1厘米见方的小块，切4片，每份蛋糕需要1片。用剩下的面糊在烤纸上制作一些碎面屑，之后会用于制作薄脆。

**薄脆**

将巧克力烤面屑碾碎。融化可调温的巧克力。用刮刀混合以上两种食材。

**巧克力饼干**

将蛋黄和一半的有机原榨蔗糖倒入电动打蛋器的搅拌槽中。剩下的有机原榨蔗糖和蛋清混合打发。取出少量蛋清混入蛋黄中，继续搅打。将打好的混合物倒在之前剩下的打发蛋清中，用刮刀搅拌，加入生可可粉继续搅拌。将混合物涂在铺有烤纸的烤盘上。在烤箱中以190℃烤制10～12分钟。烤好后，将饼干放在烤架上。

**巧克力香缇奶油**

在平底锅中加热无乳糖奶油，用热奶油融化可调温的巧克力。充分混合后，加入冷奶油，充分搅拌，在阴凉处放置5小时。最后装填蛋糕时，要将奶油分2层抹入14厘米见方的正方形模具中，每份165克。

**装饰用巧克力片**

加热可调温的巧克力到45℃使其融化，再让巧克力降温到29℃。重新加热巧克力，使其温度达到31～32℃。将巧克力在专用玻璃纸上涂开。在巧克力片上分别切出5厘米和3厘米见方的方块。大的用来制作歌剧院蛋糕，小的用于装饰小点心。

**巧克力糖浆**

将所有配料倒入平底锅中，混合加热至沸腾。

**装饰和收尾**

在正方形模具底部铺上玻璃纸，将巧克力薄脆填入模具中。打发巧克力香缇奶油，称重，将奶油分为2份，每份165克。在巧克力薄脆上抹一点儿奶油。将饼干切成2个14厘米见方的方块。将第1块饼干放入方形模具中。用25克巧克力糖浆浸透。将165克的香缇奶油倒入正方形模具中，用弯抹刀抹开。将第2块巧克力饼干盖在上面，再涂一层奶油。将做好的蛋糕放入冰箱，直到其变硬。用热的刀将做好的蛋糕切成4份，得到4块小歌剧院蛋糕，多余的部分可以当作小点心。最后在每块蛋糕上放上之前切好的1厘米见方的巧克力烤面屑。用巧克力香缇奶油将装饰用的巧克力片贴在上面即可。

# 罗勒柠檬挞

# TARTE CITRON & BASILIC

## 雅克·格宁

JACQUES GÉNIN

**雅克之于烘焙界，就相当于小黑裙之于时尚界**

贝亚恩酱，是的，这就是为什么这种挞能成为雅克·格宁心头挚爱的原因。挞上使用的酱料是以亨利四世的出生地“贝亚恩”命名的。罗勒的味道弥漫在浓香的英式奶油酱中，再加上柔滑的黄油。对雅克这样一个将糕点看得像生命一样重要的人来说，罗勒柠檬挞在他心中的地位是独一无二的。因为除了这款挞之外，他不喜欢任何其他的柠檬挞，他认为它们口味太重，略酸，就像法国“科勒麦”牌糖果一样。而他的柠檬挞酸得纯粹，绿柠檬十分新鲜，香味宜人，罗勒又为这款挞增加了一层新的味道，好像能让挞呼吸起来。首先尝到的会是柠檬的酸味，然后是挞皮的松脆，最后是罗勒和黄油的香味，层层叠叠，就像轻柔的抚摸。

一次成型的挞皮十分酥脆，切开后挞上的酱汁四溢，用勺子轻轻一碰，挞皮就碎了。雅克·格宁为我们带来一款完美的柠檬挞。

### 10~12人份

准备时间：1小时30分钟
制作时间：20分钟
静置时间：4小时30分钟

### 材料

**挞皮**

- 糖粉125克
- 杏仁粉30克
- 常温黄油175克
- 香草荚1/2个
- 鸡蛋60克
- 盐2克
- T45面粉310克

**罗勒柠檬酱**

- 罗勒20克
- 鸡蛋3个
- 白砂糖170克
- 绿柠檬汁180克（6~10个柠檬）
- 淡黄油200克
- 柠檬皮3个柠檬的量

### 制作

**挞皮**

将糖粉、杏仁粉、黄油块和香草荚放入多功能搅拌机的搅拌槽中，用叶状搅拌棒搅拌。加入鸡蛋后继续搅拌，然后加入盐和面粉，混合搅拌。将挞皮放在两张烤纸之间，用擀面杖擀至0.5厘米厚，在阴凉处放置1小时30分钟。取1个直径26厘米的圆形模具，给模具涂上黄油。放入挞皮，用叉子在挞皮上扎一些小洞，防止烤制时挞皮鼓起来。将挞皮放入烤箱中，160℃烤制16~20分钟。**小贴士：**为了保证烤出来的挞皮整齐美观，在13分钟时要取下模具。

**罗勒柠檬酱**

将罗勒剪碎放入平底锅中，加入鸡蛋和白砂糖，充分混合。加入柠檬汁，文火加热，并不停搅动，使酱料变得浓稠。在酱料微微沸腾，还未彻底沸腾时，将平底锅离火。用刮刀协助，拿1个漏勺过滤酱料。静置酱料，使其冷却至45~50℃。加入切成小块的黄油，用手持式带刀头的均质机搅拌。将搅拌好的酱料放入冰箱冷藏3小时。一旦酱料变得像黄油膏一样，就将其抹在挞皮上，用抹刀将表面修整光滑。用橙皮刨屑刀剥去柠檬皮，将绿柠檬的外皮搓碎，撒在挞上。品尝之前要把挞放在阴凉处保存。

# 腰果夹心挞

# CARACAJOU

## 纪尧姆 · 吉勒（色彩缤纷糕点店）

GUILLAUME GIL (COLOROVA)

**“我不喜欢思来想去，只喜欢按自己的感觉来制作糕点”**

从高级烹饪学校毕业后，纪尧姆 · 吉勒继续在他的“色彩缤纷”糕点店里每天和烘焙打交道，幸运的是，他做的是自己喜欢的事，还拥有了自己的烘焙店铺。他不喜欢“为烘焙而烘焙”的理念，坚持打造好口味的糕点，他每天制作的糕点数量不多，但都品质绝伦。如果说哪一款糕点充满了设计感，那一定不是他故意的。做糕点的时间越长，纪尧姆 · 吉勒越不在意糕点的设计、外形和装饰，他只专注于味道，只关注“第一口吃下去，这糕点带来了什么”。他会回答“美味，这就够了，其他的都不重要”。腰果夹心挞是焦糖、奶油夹心和腰果之间的完美平衡。巧克力奶油霜和焦糖香缇奶油慕斯带来了无尽柔滑……还是静静地去品味吧。

### 15个腰果夹心挞

准备时间：3小时　静置时间：37小时

制作时间：20～27分钟

### 材料

**甜酥皮挞底**
- 黄油125克
- 白砂糖125克
- 鸡蛋90克
- 面粉315克
- 泡打粉3.5克

**腰果焦糖**
- 白砂糖100克
- 葡萄糖50克
- 淡奶油200克
- 半盐黄油50克
- 咸腰果150克

**腰果奶油夹心**
- 红糖150克
- 葡萄糖150克
- 黄油150克
- 腰果粉150克

**腰果奶油霜**
- 蛋黄50克
- 白砂糖25克
- 淡奶油125克
- 牛奶125克
- 可可百利焦糖牛奶巧克力150克
- 明胶1片
- 腰果粉50克

**焦糖慕斯**
- 葡萄糖40克
- 白砂糖95克
- 脂肪含量为35%的淡奶油①80克
- 明胶1.5片
- 脂肪含量为35%的淡奶油②175克
- 半盐黄油25克
- 蛋黄40克

**焦糖镜面**
- 葡萄糖50克
- 白砂糖50克
- 淡奶油80克
- 水180克
- 可可百利焦糖牛奶巧克力60克
- 法芙娜白巧克力60克
- 明胶1.5片

**香缇奶油**
- 白砂糖50克
- 热的淡奶油250克
- 香草荚1个
- 白巧克力250克
- 冷的淡奶油250克

**装饰和收尾**
- 焦糖足量
- 腰果足量

## 制作

### 甜酥皮挞底

将黄油和白砂糖倒入电动打蛋器的搅拌槽中充分搅拌均匀，加入鸡蛋，继续搅拌均匀后，加入面粉和过筛的泡打粉。当混合物成1个球形后，用保鲜膜包住，在阴凉处放置12个小时。

第2天，将面皮放入圆形挞模中。**小贴士：**如果面皮很脆，就将其夹在2张烤纸之间，压一压，然后再将其放置在阴凉处静置20多分钟。取下烤纸，将面皮放入圆形挞模中。用叉子扎一些小孔，防止酥皮在烤制过程中膨起来。将烤箱预热到180℃，烤12分钟。

### 腰果焦糖

在平底锅中混合白砂糖和葡萄糖，中火加热，直到焦糖呈现出漂亮的棕色。用热奶油和黄油融化焦糖，继续加热。当混合物变得均匀后，过滤焦糖，再将焦糖倒在压碎的腰果上。放置待用。

### 腰果奶油夹心

在平底锅中混合红糖和葡萄糖，文火加热。当混合物开始融化时，分3次加入黄油。当混合物变得均匀时，加入腰果粉。将混合物夹在2张烤纸之间,放入烤箱，以180℃烤10~12分钟。用1个直径60毫米的圆形切模切出小圆盘。

### 腰果奶油霜

用蛋黄、白砂糖、奶油和牛奶制作英式奶油酱。当混合物温度达到180℃时，将其浇在压碎的巧克力上。加入明胶和腰果粉，用手持式带刀头均质机充分搅拌，取出后放在盒中待用。

### 焦糖慕斯

将55克的白砂糖和所有葡萄糖倒入平底锅中，中火加热至混合物变成漂亮的棕色。用热奶油①融化焦糖。注意：奶油一定是热的，冷奶油浇上去后混合物可能会溢出。放入黄油，当混合物温度为25~30℃时，加入明胶。

在电动打蛋器中打发冷奶油②。注意要打成奶油慕斯状。

将剩下的白砂糖倒入1个平底锅中。倒一些水，水刚刚没过白砂糖即可，加热至120℃。将热糖汁浇在蛋黄上，并持续搅拌。当混合物变白时，立即混合所有制好的材料。在慕斯凝固之前，将其倒入直径60毫米的饼形模具中，冷冻12小时。

### 焦糖镜面

加热葡萄糖和白砂糖，制成漂亮的棕色焦糖。用热奶油和热水融化焦糖。当混合物变得均匀时，加入巧克力。当混合物体积缩小一半时加入明胶。

### 焦糖香缇奶油

用白砂糖制作干焦糖，用热奶油融化焦糖，加入去籽的香草荚，包上塑料保鲜膜，在冰箱中冷藏一夜。第2天，重新加热混合物。加入冷奶油，在阴凉处放置一夜。第2天打发成香缇奶油。

### 装饰和收尾

用腰果焦糖来装饰甜酥皮挞底。将腰果奶油霜装入裱花嘴直径4毫米的裱花袋中，将奶油霜呈蜗牛状挤在挞上。在每个挞上放上腰果奶油夹心。取出焦糖慕斯饼。隔水融化焦糖镜面，将焦糖镜面酱淋在慕斯饼上。将慕斯饼放在腰果奶油夹心上方。用蛋刷或电动打蛋器打发焦糖香缇奶油，将奶油倒入裱花嘴直径20毫米的裱花袋中，挤出漂亮的球形。用腰果和焦糖装饰即可。

# 香草奶油泡芙

# CHOUQUETTES À LA VANILLE

## 斯特凡·格拉西耶

STÉPHANE GLACIER

**脆糖奶油泡芙，美味又丰盈**

斯特凡·格拉西耶是法国最佳手工业者奖的获得者之一。他不是那种只注重糕点光鲜外表的烘焙师。斯特凡·格拉西耶在一次与糕点的偶遇后，就再也离不开这项他钟爱的事业了。一次，他的朋友带他去看一个拉糖的展览，他一下子就迷上了，并一头钻了进去。在美国，皮埃尔·海尔梅和雅克·托里斯为他提供了烘焙主厨的位子，他在那儿积累了丰富的经验，打开了灵感之门。他钟爱传统烘焙，泡芙（在他看来是最难制作的）是他的招牌糕点。在他看来只有奶油泡芙才是经典的。那他的秘密配方呢？制作完美的泡芙外皮，反复调整烤箱温度，烤出的泡芙外皮能够容得下大量的奶油（每个泡芙包裹100克奶油）。这种泡芙要放在盘子里，用刀叉来享用。如果您想用手拿着吃，就试试传统的无馅泡芙吧。

### 12个泡芙

准备时间：1小时　静置时间：6小时
制作时间：25分钟

### 材料

**泡芙**

- 水375克
- 全脂牛奶125克
- 盐5克
- 白砂糖15克
- 黄油200克
- T55或T65面粉300克
- 鸡蛋500克
- 脆糖粒足量

**卡仕达酱**

- 牛奶400克
- 香草荚1/2个
- 白砂糖100克
- 蛋黄90克
- 吉士粉30克
- 黄油30克

**香缇奶油**

- 脂肪含量为35%的淡奶油375克
- 香草荚1个
- 白砂糖50克

**香草奶油酱**

- 卡仕达酱600克
- 香缇奶油425克

**装饰和收尾**

- 糖粉足量

### 制作

**泡芙**

在平底锅中混合加热白砂糖、水、牛奶、盐和黄油。将面粉过筛。混合物沸腾后，锅离火，加入面粉并不断搅动。重新文火加热混合物，使其干燥，直至混合物不再粘在锅内壁上。将混合物倒入电动打蛋器的搅拌槽中，逐步加入鸡蛋。搅拌好后，将面糊倒入带有裱花嘴的裱花袋中，挤在铺有烤纸的烤盘上，撒上糖粒，160℃烤25分钟。将泡芙从烤箱中取出，放在烤架上。

**卡仕达酱**

混合加热牛奶、香草荚和一半白砂糖。混合搅打蛋黄和剩下的白砂糖，混合物发白后，加入吉士粉，用蛋刷搅拌。将1/3沸腾的牛奶浇在混合物上，充分搅拌。将搅拌好的混合物重新倒回锅中，与其余2/3热牛奶混合，重新加热至沸腾并不停搅拌。沸腾2分钟后，加入黄油。将混合物倒入深盘中，用塑料保鲜膜包住，在阴凉处保存。

**香缇奶油**

混合加热1/3的奶油，切开并去籽的香草荚和白砂糖。加热混合物至沸腾，倒入剩余的奶油。在冰箱中冷藏至第2天。取出香草荚，将奶油倒入电动打蛋器的搅拌槽中打发。

**香草奶油酱**

将卡仕达酱倒入沙拉盆中，充分搅打。用刮刀小心地加入香缇奶油。

**装饰和收尾**

将香草奶油酱倒入裱花嘴直径8毫米的裱花袋中。等泡芙皮冷却后，扎开小洞，填入奶油。再用奶油装饰每个泡芙。撒上糖粉。

# 榛子迷你挞

# TARTELETTE NOISETTE

## 塞德里克·格朗莱特（茉黎斯糕点店）

CÉDRIC GROLET (LE MEURICE)

塞德里克·格朗莱特是当今引领风潮的标志性人物，他天赋异禀，影响力震撼烘焙界。他似乎拥有永不枯竭的创意天赋，能不断创新，发明新的糕点。虽然天资聪颖，他仍旧不知疲倦地尝试。水果造型的糕点令人惊艳，秋天到来时，他又创作出这款榛子迷你挞。他将这款糕点看作他最精美、最成功的作品之一，充满了他的个人风格，是一款前所未见的新式糕点。外观上的金色条纹让它看起来就像一块巧克力，这实在是一种创举。品尝时，将迷你挞从上方切开，切成四块，这样每一口都能享受迷你挞不同的层次和味道。首先入口的是酥皮的脆甜，然后是溢出的榛子酱，有盐之花的味道，还有浓浓的榛子味，这要得益于酥皮表面装饰的榛子奶油。一切设计都那么精巧，浓郁又美味。

明天万岁，即将到来的每一天万岁！

### 10个榛子迷你挞

准备时间：3小时　静置时间：24小时
制作时间：20分钟

### 材料

**酥皮挞皮**
- 黄油75克
- 糖粉50克
- 杏仁粉15克
- 法国盖朗德牌盐1小撮
- 香草粉1小撮
- 鸡蛋30个
- T55面粉125克

**榛子奶油（可按照需求增加用量）**
- 黄油75克
- 白砂糖75克
- 榛子糊90克
- 鸡蛋75克
- 较大颗粒的榛子碎10克

**打发的榛子甘纳许（可按照需求增加用量）**
- 明胶17克
- 牛奶125克
- 烤过的榛子40克
- 法芙娜象牙白巧克力50克
- 榛子面糊80克
- 奶油215克

**浓焦糖（可按照需求增加用量）**
- 奶油20克
- 牛奶50克
- 葡萄糖①50克
- 香草荚1个
- 盐之花2克
- 白砂糖95克
- 葡萄糖②105克
- 黄油79克

**焦糖填馅（每个迷你挞需12克）**
- 浓焦糖115克
- 牛奶15克

**榛子酱（可按照需求增加用量）**
- 白砂糖200克
- 水60克
- 榛子300克
- 精盐2克

**牛奶涂层（每个迷你挞需10克）**
- 可可脂100克
- 可调温巧克力100克

**装饰和收尾**
- 金粉足量
- 榛子碎足量

## 制作

### 酥皮挞皮

在电动打蛋器的搅拌槽中混合黄油、糖粉、杏仁粉、盐和香草粉。加入鸡蛋和面粉搅拌成酥皮挞皮，在阴凉处冷藏1小时。将酥皮挞皮擀开，厚度为2毫米。在直径5厘米、高2厘米的圆形模具内涂上黄油，放入酥皮挞皮，冷藏1天。

将烘焙石压在挞皮上，防止挞皮在烤的过程中鼓起来。在烤箱中以160℃烤12～16分钟。

### 榛子奶油

混合打发黄油、白砂糖和榛子糊,然后一点一点地加入鸡蛋，制成榛子奶油。将榛子奶油放入裱花袋，挤在烤好的挞皮上，每个挞皮上挤8克榛子奶油。将大颗粒的榛子碎撒在上面，在烤箱中以170℃烤6～8分钟。

### 榛子甘纳许

将明胶泡入水中。加热牛奶，加入烤过的榛子，充分混合搅拌后，静置20分钟。过滤后重新给牛奶称重。加热牛奶混合物，浇在象牙白巧克力上，融化巧克力。加入融化的明胶，充分混合。然后加入榛子面糊和奶油，混合搅拌。在阴凉处保存至少12小时。

### 浓焦糖

混合加热奶油、牛奶、葡萄糖①、香草荚和盐之花。加热白砂糖和葡萄糖②至185℃，用热奶油融化焦糖，继续加热至105℃，过滤。当焦糖温度为70℃时，加入黄油，混合搅拌。

### 焦糖填馅

混合所有材料。将混合物放入直径4厘米的半球形模具中，每个模具中倒12克混合物。放入冰箱冷冻。

### 榛子酱

混合加热白砂糖和水至110℃。加入烤过的榛子，用刮刀不停搅拌，保证锅底不焦。糖会因为温度变化结晶，产生颗粒感。继续加热并搅拌得到合适的焦糖。加入盐后，将锅放在硅胶垫上，冷却。在多功能搅拌器中搅拌，得到口感松脆的榛子酱。将榛子酱倒入直径2.5厘米的半球形模具中，每个模具中倒8克，冷冻。

### 牛奶涂层

融化所有材料后充分混合搅拌。

### 装饰和收尾

将榛子甘纳许倒入半球形模具中，45毫米厚，加入焦糖填馅和榛子酱，将表面修整光滑。快速冷冻，直至甘纳许凝固。将剩下的榛子甘纳许放置在阴凉处。取下半球形模具，给榛子甘纳许造型，做成尖顶状。加热牛奶涂层至45～50℃。将做好造型的榛子甘纳许泡入牛奶涂层中，然后迅速取出并用金属刷子刷掉涂层。最后涂上金粉。将半球形尖顶放在涂有油脂的烘焙纸上。用榛子奶油装饰挞皮，在上面再涂一层浓焦糖。将半球形尖顶放在挞皮上。最后一步是将榛子碎装饰在每个迷你挞的四周。

# 巴黎车轮泡芙

## PARIS-BREST

奥利维尔·奥斯塔埃特（“博”面包房）
OLIVIER HAUSTRAETE (BOULANGERIE BO)

**“吃我做的车轮泡芙，香味会溢满各处，连鼻腔里都是”**

奥利维尔·奥斯塔埃特的特点是制作具有日式风情的法式糕点，他也会尝试法式烘焙的经典大作，比如这款巴黎车轮泡芙。这款泡芙体积较大，融合了普通车轮泡芙和迷你泡芙的特点。为什么？因为吃泡芙最大的享受就是松脆的外皮里包裹着丰富的奶油馅，香气满溢。泡芙包裹120克的慕斯琳果仁酱，带来更丰富的质感和美味。巴黎车轮泡芙可以用手拿着吃，在街边吃，在公园里吃，甚至在商店里吃……尽情享受这一刻的美味吧。

### 10个泡芙

准备时间：1小时30分钟　静置时间：1小时
制作时间：30分钟

### 材料

**杏仁脆饼干**
- T55面粉75克
- 颗粒状粗红糖75克
- 杏仁粉75克
- 高精度黄油75克
- 精盐1克

**泡芙**
- T45面粉99克
- 水181克
- 白砂糖4克
- 精盐4克
- 高精度黄油81克
- 鲜鸡蛋181克

**慕斯琳奶油酱**

卡仕达酱
- 全脂牛奶184克
- 冰糖91克
- 鲜蛋黄45克
- 吉士粉16克

黄油奶油
- 冰糖160克
- 水足量
- 鲜蛋黄80克
- 高精度黄油320克
- 杏仁和榛子果仁酱150克

**装饰和收尾**
- 杏仁和榛子果仁酱50克
- 装饰用糖粉足量

### 制作

**杏仁脆饼干**

将面粉和杏仁粉混合过筛，加入调温的黄油、粗红糖和盐，充分搅拌均匀。将混合物夹在两张烤纸间，用擀面杖擀开，在阴凉处放置1小时。用直径7厘米的圆形切模切出圆片。阴凉处保存，放置待用。

**泡芙**

将面粉过筛。混合加热白砂糖、水、盐和黄油。将锅离火后加入面粉，重新用文火加热并用刮刀充分搅拌，直至混合物黏性降低，不粘在刮刀和平底锅内壁上为止。继续烘干两三分钟后放入电动打蛋器中，用叶状搅拌器搅拌，一点点加入鸡蛋。

将面糊倒入装有18号裱花嘴的裱花袋中，在铺有硅胶垫或烤纸的烤盘中，挤出直径6厘米的泡芙球。在上面放1块脆饼干。将烤箱预热到230℃，烤1分钟，让泡芙在烤箱中静置六七分钟，膨起。然后将烤箱温度调至180℃。一旦泡芙酥皮的颜色变成漂亮的金黄色，立即打开烤箱，让烤箱中的湿气散发出来。然后关上烤箱，直至泡芙完全烤好（大约需要30分钟）。

**慕斯琳奶油酱**

卡仕达酱

混合加热牛奶和1/3的冰糖。混合蛋黄、吉士粉和剩下的冰糖。将一半甜牛奶混合物浇在蛋黄吉士粉混合物上。再将所有混合物倒回刚才未使用的牛奶中，加热至沸腾，继续加热5分钟并充分搅拌。倒出卡仕达酱，放入保鲜盒中保存。

黄油奶油

将冰糖放入不锈钢平底锅中，用水漫过冰糖，加热至121℃，离火。当混合物温度降至110℃时，用电动打蛋器搅打蛋黄。将打蛋器调至中速，将热糖汁慢慢浇在蛋黄上。高速搅拌使其冷却。一点点地加入黄油，搅拌均匀。

黄油奶油冷却后，加入柔滑的卡仕达酱和果仁酱，使用前要搅拌均匀。

**装饰和收尾**

将车轮泡芙酥皮切开，放在烤架上，切的位置要略高于车轮泡芙高度的一半。用慕斯琳奶油酱装点车轮泡芙底。将果仁酱（每个泡芙5克）挤在泡芙中心处。将慕斯琳奶油酱装入带有裱花嘴的裱花袋中，挤出大花环的形状。放上预先用切模切好的脆饼干，撒上装饰用糖粉。在冰箱里冷藏几分钟后即可享用。

# 樱桃蛋糕

## LA CERISE SUR LE GÂTEAU

### 皮埃尔·埃尔梅

PIERRE HERMÉ

**天赋异禀的天才烘焙师为您带来“天生美味”**

皮埃尔·埃尔梅就住在父亲的烘焙店楼上，除了烘焙，他似乎没想过要做别的。他14岁就师从西点大师加斯顿·勒诺特，曾经在老师面前做坏薄饼后差点儿晕过去。之后他不断进步，逐渐成长起来。他不认为烘焙是一项工作，而将它看成一种幸运和机会。1992年，他与爱尔兰设计师杨·潘诺尔合作，创作并推出了这一款经典招牌蛋糕——樱桃蛋糕。这款樱桃蛋糕的设计理念就是要推出一种全新的、其他烘焙师难以想象的造型蛋糕。皮埃尔·埃尔梅用法芙娜的全新吉瓦纳巧克力来制作它，将巧克力与榛子完美地结合在一起。20多年过去了，这个食谱保持着原来的样子，续写着经典的传奇。

**6人份**

准备时间：5小时　静置时间：12小时
制作时间：45分钟

### 材料

**榛子达夸兹饼干**
- 意大利皮耶蒙地区出产的去皮榛子40克
- 糖粉75克
- 榛子粉65克
- 蛋清75克
- 白砂糖25克

**榛子酱**
- 淡黄油10克
- 法国加伏特脆饼干50克
- 法芙娜吉瓦纳可可含量为40%的牛奶巧克力25克
- 榛子含量为60%的榛子酱100克

**牛奶巧克力甘纳许**
- 法芙娜吉瓦纳牛奶巧克力250克
- 脂肪含量为35%的淡奶油230克

**牛奶巧克力圆片**
- 法芙娜吉瓦纳牛奶巧克力200克

**牛奶巧克力香缇奶油**
- 法芙娜吉瓦纳牛奶巧克力210克
- 脂肪含量为35%的淡奶油300克

**蛋糕底**
- 冷的牛奶巧克力香缇奶油
- 榛子达夸兹饼干
- 榛子酱
- 牛奶巧克力圆片
- 牛奶巧克力甘纳许

**牛奶巧克力外壳**
- 杨·潘诺尔设计的樱桃蛋糕模具
- 法芙娜吉瓦纳牛奶巧克力400克

**蛋糕叠层**
- 樱桃蛋糕的6个部分
- 冷的牛奶巧克力香缇奶油
- 牛奶巧克力外壳
- 樱桃上的杏仁翻糖
- 杏仁含量为22%的杏仁酥皮10克
- 白翻糖20克
- 黄色着色剂几滴

**红色熟糖**
- 白砂糖150克
- 水50克
- 红色着色剂足量

**红樱桃**
- 带柄的醉樱桃1个
- 马铃薯淀粉10克
- 杏仁翻糖10克
- 红色熟糖

**装饰和收尾**
- 可食用金粉足量
- 水足量
- 糖渍红樱桃足量

## 制作

### 榛子达夸兹饼干

将榛子放入烤箱，160℃烤制15分钟。取出榛子后去皮、压碎。在硅胶纸上用铅笔画出1个直径19厘米的圆，将硅胶纸反扣在烤盘上。将糖粉和榛子粉混合过筛。用电动打蛋器搅打蛋清，使蛋清变成雪白色、不透光，然后一点点地加入白砂糖并持续搅拌，直到蛋清能在搅拌棒上立起来，有漂亮的光泽即可。用硅胶刮刀将榛子粉和糖粉的混合物倒入打发的蛋清中。在烤盘的4个角上都倒上1勺饼干糊，帮助固定硅胶纸。将饼干糊倒入带有12号裱花嘴的裱花袋中，以螺旋形挤在刚才用铅笔画好的圆圈中。将碎榛子均匀地撒在饼干糊的表面。将烤箱预热到165℃，放入饼干糊烤制30～35分钟，直至饼干颜色变成漂亮的金棕色，摸起来硬硬的。取出烤盘，将达夸兹饼干放在烤架上，室温下冷却。

### 榛子酱

在平底锅中用文火融化淡黄油，然后自然冷却。小心地将法国加伏特脆饼干压成碎屑。隔水融化巧克力至35～40℃。将榛子酱放在罐子里，慢慢地加入融化的巧克力，同时要用刮刀搅拌混合物。加入法国加伏特饼干碎和融化的黄油，搅拌后即可使用。

### 牛奶巧克力甘纳许

切碎巧克力。在平底锅中加热奶油至沸腾后离火，分四次加入巧克力。用刮刀不停搅拌，让混合物变得光滑。将甘纳许倒入提前包上食品保鲜膜的深盘中，在冰箱中冷藏至少4个小时。

### 牛奶巧克力圆片

隔水加热牛奶巧克力至50℃，用抹刀将巧克力抹在铺在烤盘内的塑料纸上。一旦巧克力凝固，立即做出1个直径18厘米的巧克力圆片。盖上一层硅胶纸，在冰箱中保存。

### 牛奶巧克力香缇奶油

切碎巧克力。在平底锅中加热奶油，沸腾后离火，分3次加入巧克力。充分搅拌，让混合物变得柔滑。将混合物倒入深盘中，包上保鲜膜，放入冰箱冷藏12小时。温度要保证在2～4℃，防止奶油在使用时变形。

### 蛋糕底

在不锈钢托盘上铺上硅胶纸，放上1个高3厘米、直径18厘米的圆形不锈钢模具。放入达夸兹饼干。在饼干上用刮板抹上100克的榛子酱，然后放上1片牛奶巧克力圆片，最后抹上110克的甘纳许，放上第2片牛奶巧克力圆片，放入冰箱整体冷藏15～20分钟，使其凝固成型。抹上香缇奶油，冷冻。半冷冻状态下，将蛋糕脱模，切成同等大小的8份。包上塑料保鲜膜后冷冻保存。

### 牛奶巧克力外壳

准备樱桃蛋糕模具。用棉花清洁模具。模具的使用温度是18～20℃。将切碎的巧克力倒入大碗中，隔水加热并搅拌。当巧克力温度达到45～50℃时，取出大碗。将碗放在另一个放有5块冰块的碗中。期间一直搅动巧克力，防止巧克力凝固。当巧克力温度降至26～27℃时，重新隔水加热大碗中的巧克力。当巧克力温度到达29～30℃时，用巧克力涂满樱桃蛋糕模具，轻轻敲打模具，让巧克力中的空气跑出。将1个烤盘铺上硅胶纸，放在烤架上。将淋上巧克力的模具放在硅胶纸上，让多余的巧克力流下。巧克力开始凝固后，用刮板修整模具表面。巧克力外壳的理想厚度是2毫米。

### 蛋糕叠层

**步骤1**

在开始叠层步骤前，将樱桃蛋糕的蛋糕底完全解冻。将香缇奶油从深盘中取出，放在圆底、半球形不锈钢盆中。温度要保持在2～4℃。将香缇奶油装入不带裱花嘴的一次性裱花袋中。用一点儿香缇奶油装饰巧克力外壳。抓住蛋糕底的一角，翻转，将刀尖插入达夸兹饼干中。将达夸兹饼干放在巧克力外壳的最底层。在第一部分蛋糕底的四周抹上少量的香缇奶油，陆续将蛋糕底其他的部分放入蛋糕外壳中。在每一层都涂上少量的香缇奶油，一方面让各部分都更好地贴合，另一方面可以填补可能的空隙。涂上甘纳许，抹平表面。给蛋糕整体包上三角形的硅胶纸，转动蛋糕，让尖的一面朝自己。脱模是非常精细的过程。取掉橡皮筋，再取下石膏材质的部分。将手指放在硅胶模具中间，取下模具右侧部分，从下方开始取，不要取下顶端部分的模具。再取下第2部分的模具，最后取下顶端的。

**步骤2　杏仁翻糖**

分别搅拌杏仁酥皮和白翻糖。混合2种材料。放入烤箱，以50℃的温度加热片刻。加入着色剂即可使用。

**步骤3　红色熟糖**

在平底锅中混合加热白砂糖和水至120℃。加入着色剂，继续加热至160℃即可。

**步骤4　红樱桃**

洗净樱桃，沥干水分后放在吸水纸上。将马铃薯淀粉撒在樱桃上，然后将樱桃浸入杏仁翻糖中。抓起樱桃柄，让多余的翻糖流下。翻糖凝固后，切掉多余部分，使其冷却。将樱桃浸入红色熟糖中，重复上面使用杏仁翻糖的步骤。用剪子减去凝固后红色熟糖多余的部分。待樱桃冷却后，将樱桃装入放有防潮剂的保鲜盒中。

### 装饰和收尾

混合金粉和少量的水。用刷子蘸上金粉，在蛋糕上尖的一侧画出5条短短的折线。将做好的樱桃蛋糕放在盘子里。最后将樱桃放在蛋糕顶部，冷藏后即可品尝。

# “约会”巧克力挞

# TARTE CHOCOLAT « RENDEZ-VOUS »

## 让-保罗 · 埃万

JEAN-PAUL HÉVIN

### 追寻美味的巧克力大师

在成为巧克力大师之前，让-保罗·埃万是位美食品鉴家，他闭着眼睛都能尝出一颗蚕豆的原产地来。正是这项充满热情的工作推动他日后成为了巧克力制作大师，接着又成为了糕点大师。这款巧克力挞拥有完美的造型、精细的调温和极致的平衡。让-保罗·埃万的烘焙作品为您带来令人震撼的美味。他的巧克力挞是件理想的作品，是烘焙行业的标杆。巧克力挞皮无可挑剔，咬在嘴里，齿颊留香，巧克力甘纳许味道浓郁，然后是两者融合的味道。真是完美的一刻。

### 5人份

准备时间：25分钟　静置时间：4小时
制作时间：20分钟

### 材料

**巧克力挞皮**

- 可可含量为68%的可调温巧克力20克
- 室温软化的无盐黄油105克
- 糖粉65克
- 杏仁粉22克
- 香草粉0.25克
- 盐1小撮
- 鸡蛋35克
- 面粉175克

**巧克力甘纳许**

- 可可含量为63%的可调温巧克力（可可原产于秘鲁）170克
- 鲜奶油250克
- 转化糖浆10克

**装饰和收尾**

- 巧克力针2个
- 烤蛋白1个
- 金粉足量

### 制作

**巧克力挞皮**

隔水加热巧克力。在容器中，混合黄油、糖粉、杏仁粉、香草粉和盐，然后加入鸡蛋、面粉，再加入3/4融化的巧克力，充分搅拌均匀。包上食品保鲜膜，放入冰箱冷藏2小时。取出后，用擀面杖将挞皮擀成圆盘形状，越薄越好。将挞皮放入直径22厘米的圆形模具中，用叉子在挞皮上扎一些小孔，再放上烘焙重石，防止挞皮在烤制过程中膨起来。180℃烤制20分钟后，将挞皮从烤箱中取出，冷却后，刷上一层已融化的、可可含量为68%的专业可调温巧克力。这样可以起到防潮的作用，保证挞皮的酥脆口感。室温下保存。

**巧克力甘纳许**

切碎巧克力，倒入沙拉盆中。混合加热鲜奶油和转化糖浆至沸腾。分3次将热混合物浇在巧克力上，充分搅拌均匀。

**装饰和收尾**

将热的巧克力甘纳许浇在挞底上。让巧克力挞在室温（18～20℃）下静置2小时。放上2个巧克力针和1个烤蛋白。最后用金粉装饰即可。

# 谷物曲奇

# COOKIES MULTIGRAIN

## 平山萌子、奥马尔 · 克鲁特（萌子坚果烘焙坊）

MOKO HIRAYAMA ET OMAR KOREITEM (MOKONUTS)

**巴黎最好的曲奇，最具个性，最自由**

平山萌子曾是纽约的一名记者，她像一阵充满欢乐与热情的飓风，将她的风格带到了烘焙界。曲奇是她童年时期的美好回忆。她制作曲奇时，不愿给这件糕点加上任何的界限，从白巧克力黑橄榄曲奇，到玉米迷迭香曲奇，每一块曲奇都自由得像会呼吸一样。如果制作出的曲奇不够好，她就重新尝试。在曲奇这种神奇的小糕点上，她看到了无限的可能、无限的快乐，永不停歇。她的尝试不只是要寻找一种新的口味，而是要满足人们的一丝好奇，制作出一种自由而有诱惑力的作品，在不同材料的多元融合中，创造出一种让人难以置信的美妙口感。谷物黑巧克力曲奇是她的心头好，一口咬下去，酥脆又香浓，在齿间品味出丰富的层次感。入口的松脆口感之后，谷物的香味蹦出来，还有无处不在的巧克力浓香，令人难忘。

曲奇之王。

### 15块曲奇

准备时间：30分钟
制作时间：12分钟

### 材料

- 燕麦片80克
- 谷粒（南瓜子、葵花子、亚麻子）90克
- 面粉125克
- 泡打粉8克
- 盐2克
- 淡黄油115克
- 白砂糖130克
- 鸡蛋1个
- 小块黑巧克力150克

### 制作

混合燕麦片、谷粒、面粉、泡打粉和盐，放置待用。混合搅拌均匀黄油和白砂糖，加入鸡蛋继续搅拌。倒入面粉、谷粒等混合物，再加入黑巧克力。用手揉面团，将面团分成15个小的圆面团。将小圆面团都放在铺有烤纸的烤盘上，在烤箱中以180℃烤大约12分钟，当饼干颜色变为漂亮的金黄色即可。

# 苹果挞

# TARTE AUX POMMES

## 心夜稻垣（尼罗面包房-未来之地）

SHINYA INAGAKI (BOULANGERIE DU NIL-TERROIRS D'AVENIR)

### 家常但美味的糕点

如果所有的土地都像塞缪尔·纳汉和亚历山大·德鲁阿尔德看到的那般美好，未来将处处开遍美丽之花。他们的土地是美丽、稀有而真实的，他们的面包房也是。在这里，心夜稻垣拥有一片小天地，他希望能在自己的这片天地里展现法国的美好：好的面包和好的红酒。心夜稻垣对不同的小麦和麦文化很感兴趣，因此他也加入了塞缪尔·纳汉和亚历山大·德鲁阿尔德的探索之旅。应季是他们考虑的核心要素，他推出的糕点造型简单，但品质卓越。他是杏仁奶油酱的疯狂爱好者，从他的巧克力杏仁棒和杏仁可颂就可以看出。在这款苹果挞中，当然也少不了他的最爱。对心夜稻垣来说，这款苹果挞那么神圣，是他的最佳之选。一口吃下去，就尝到恰到好处的酥皮、浓醇的杏仁奶油酱还有入口即化的苹果，所有食材都融合得非常完美。

### 4人份

准备时间：45分钟　静置时间：2小时
制作时间：45分钟

### 材料

**挞皮**

- 室温回软的无盐黄油65克
- 糖粉40克
- 杏仁粉15克
- T65面粉110克
- 盐1小撮
- 小鸡蛋1个

**杏仁奶油酱**

- 室温回软的无盐黄油50克
- 有机糖50克
- 小鸡蛋1个
- 杏仁粉50克

**果馅**

- 大苹果1个

### 制作

**挞皮**

在电动打蛋器的搅拌槽中混合黄油和糖粉，搅打均匀。加入杏仁粉，面粉和盐，混合搅拌。加入鸡蛋，继续搅拌至混合物变成1个紧实的面团。给面团包上保鲜膜，在阴凉处放置至少2小时。

**杏仁奶油酱**

将烤箱220℃预热。
混合搅拌黄油和有机糖。加入鸡蛋和杏仁粉，混合搅拌。

**装饰和收尾**

将挞皮擀开，放入直径16厘米的圆形模具中。用叉子在挞皮上扎小孔，挤上一层厚厚的杏仁奶油酱。在奶油上盖上一层苹果片。220℃烤45分钟即可。

# 圣-欧诺黑蛋糕

## SAINT-HONORÉ

劳伦·杰尼恩（布里斯托糕点店）

LAURENT JEANNIN (LE BRISTOL)

**这里的糕点有一种深沉又优雅的韵味**

圣-欧诺黑是掌管面包之神，这个名字也是一条街的名字，劳伦·杰尼恩的店就开在圣-欧诺黑街上。他制作的这款糕点与众不同，是两种酥皮的结合（泡芙酥皮和千层酥皮），也是两种奶油的融合（香缇奶油和圣-欧诺黑奶油酱），还是两种焦糖的糅合（半盐奶油焦糖和脆焦糖）。它美丽的外形也吸引着我们，在它优雅的外观下藏着美味的秘密，千层酥皮上填满了香草味的香缇奶油，脆焦糖覆盖整个表面，泡芙酥皮泛着漂亮的金黄色，上面装饰着半盐焦糖和圣-欧诺黑奶油酱。劳伦·杰尼恩追求的是质感和口味的极致，香缇奶油的味道在口中化开，然后是圣-欧诺黑奶油，再是泡芙酥皮上的焦糖。最后是焦糖和千层酥皮的双重松脆，就像美味的无尽回响。

### 4人份

准备时间：1小时　静置时间：10分钟
制作时间：30～40分钟

### 材料

泡芙酥皮
- 千层酥皮65克
- 面粉
- 烤盘上刷的油
- 水80克
- 牛奶80克
- 白砂糖6克
- 精盐5克
- 黄油65克
- 面粉150克
- 新鲜鸡蛋160克

焦糖
- 水40克
- 白砂糖160克
- 葡萄糖浆25克

圣-欧诺黑奶油
- 明胶2/3片
- 牛奶80克
- 香草荚1/2个
- 蛋黄40克
- 白砂糖35克
- 玉米淀粉或蛋奶冻粉8克
- 蛋清50克

香缇奶油
- 淡奶油145克
- 马斯卡彭奶酪15克
- 白砂糖12克
- 香草荚1/2个

### 制作

泡芙酥皮

在平底锅中，混合加热牛奶、水、白砂糖、盐和黄油，沸腾后离火。加入过筛的面粉，充分搅拌均匀。重新用文火加热平底锅中的混合物，充分搅拌1分钟左右，让混合物变干。将混合物倒入带有搅拌槽的电动打蛋器中，中速搅打并一点一点地加入鸡蛋，让泡芙面糊变得柔滑、均匀、有光泽。用擀面杖将千层酥皮擀成2毫米厚，撒上少量面粉，冷藏15分钟，让酥皮变硬，用叉子在面皮上扎一些小洞。将1个圆盘子倒扣过来，在酥皮上切出1个直径18厘米的圆形。将圆酥皮放在干净的、涂上油脂的烤盘上。沿着千层酥皮的边沿挤上一圈泡芙面糊。在烤盘上空出来的地方，用7号圆形裱花嘴挤出20多个直径2厘米左右的泡芙圆球。将烤箱230℃预热，烤制1分钟。等待六七分钟，让泡芙酥皮膨起来。将烤箱温度调至180℃继续烤。当泡芙的颜色变得金黄，立即将烤箱拉开一点，让湿气散出来。关上烤箱继续烤30分钟左右即可。将烤好的酥皮放在烤架上，自然冷却。

焦糖

在平底锅中，文火加热白砂糖和水至沸腾。加入葡萄糖浆，继续加热直至得到色泽光亮的焦糖。将泡芙酥皮泡入焦糖中，待焦糖凝固后，将泡芙酥皮取出。

圣-欧诺黑奶油

将明胶泡入冷水中。混合加热牛奶和香草荚里的香草籽至沸腾。静置5分钟，过滤。混合蛋黄和8克白砂糖，再加入蛋奶冻粉。重新加热香草牛奶至沸腾。将锅离火后，把混合物浇在蛋黄和白砂糖上。加热所有混合物，沸腾后，继续加热1分钟。将锅离火后，加入明胶。混合剩下的白砂糖和蛋清，打发后倒入前一步骤加热好的混合物中。圣-欧诺黑奶油就做好了。将奶油倒入装有裱花嘴的裱花袋中，挤入小泡芙底部。千层酥皮上用泡芙面糊做成的皇冠型包边里也要填入奶油。加热焦糖，小心地将每个小泡芙的底部浸入焦糖中。将小泡芙粘在酥皮上。冷藏10分钟。

香缇奶油

混合搅打淡奶油、马斯卡彭奶酪、白砂糖和香草荚里的香草籽，做出香缇奶油。

装饰和收尾

将蛋糕从冰箱中取出。将香缇奶油放入带有圣-多诺黑裱花嘴的裱花袋中。将奶油挤在蛋糕中心处即可。

# 抹茶派

# PIE MATCHA

## 安多阿娜塔·朱乐亚、辻纱冶子（阿摩美久甜品店）

ANTOANETA JULEA ET SAYAKO TSUJI (AMAMI)

### 宛如童话降临

安多阿娜塔·朱乐亚和辻纱冶子是在巴黎蓝带相遇的，她们在那里共事了将近十年。一位是加拿大籍罗马尼亚人，另一位是美国籍日本人。灵感和作品不断出现，她们已然习惯了不断去尝试、创新。她们在罗舒甜品店和瑰丽酒店都工作过，但最终决定离开。“与其为别人奋力工作，为什么不为自己呢？”刚开始的时候，她们在网上售卖制作好的焦糖，订单越来越多后，她们在2015年创立了自己的甜品店阿摩美久。很快她们就推出了美式和日式风格结合的抹茶派，整体感觉像蛋奶冻，但奶油更丰富，奶油的味道抵消了抹茶的苦味，带来一种平衡。

### 4人份

准备时间：30分钟　静置时间：4小时
制作时间：1小时15分钟

### 材料

派皮

- 面粉340克
- 白砂糖15克
- 盐1咖啡匙
- 黄油250克
- 冷水100克

抹茶奶油

- 黄油110克
- 白砂糖130克
- 面粉1/2汤匙
- 盐1/4咖啡匙
- 抹茶粉1/2汤匙
- 鸡蛋4个
- 淡奶油450克
- 香草萃取液1/2咖啡匙

### 制作

派皮

在沙拉盆中混合面粉、白砂糖和盐，加入事先切成小块的黄油，用手揉搓混合物。倒入冷水，充分混合。捏成紧实而均匀的面团，用刀切成两半。在冰箱中冷藏2小时后取出，将第1块面团擀成1个大圆形，铺入直径22厘米的圆形模具中，用刀切掉边沿上略超出的部分。擀开第2块面团，用作装饰。将第2块面团切成3个长条，拧成1个辫子状长条。用刷子蘸上水，将辫子状的面皮粘在圆形的派皮边沿。在冰箱中冷藏至少1小时。在派皮上铺上1张烤纸，再压上烘焙重石。**小贴士：**没有烘焙重石怎么办？大米或是扁豆也可以起到同样的作用。将烤箱175℃预热，烤制15分钟。取下烤纸和烘焙重石，继续烤15分钟。待派皮颜色变得金黄后即可取出。

抹茶奶油

融化黄油。用蛋刷搅拌白砂糖、面粉、盐和抹茶粉。将黄油倒入混合物中，然后一个一个地加入鸡蛋，再加入奶油和香草萃取液。过滤后，将混合物浇在派皮上。放入烤箱，175℃烤制10分钟。将烤箱温度调至150℃，继续烤30分钟。派的中心处，抹茶奶油会略微颤动。当抹茶派的温度下降到室温后，将其在阴凉处放置1小时即可。

# 祖母蛋奶冻

# FLAN GRAND-MÈRE

## 洛冈、布莱德雷·拉丰（欧内斯特与瓦伦丁面包店）

LOGAN ET BRADLEY LAFOND (ERNEST ET VALENTIN)

**醉心于烘焙又热情，天赋异禀的兄弟俩**

洛冈和布莱德雷合作开了一家自己的面包店，面包店的名字由两人祖父的名字组成。当然，他们的祖父们并不是面包师，他们也不像有些烘焙师传承了家族的历史，他们描画的是属于自己的未来。他们要将祖辈们制作美味、品尝美味的理念继续传承下去，即便这条探索之路看起来那么遥远，有时还乌云密布。祖母蛋奶冻的名字听起来很熟悉，在他们看来，这款作品是糕点界的一个顶峰，很难做到完美。布莱德雷负责蛋奶冻的部分，洛冈则是面包师，亲手烘焙油酥挞皮。蛋奶冻的表面是焦糖，内里柔软微颤，有焦糖布丁的质感，奶香弥漫，波本香草味浓郁绵长。这款作品凝聚了对美味的恒久追求。

### 6~8人份

准备时间：1小时
制作时间：1小时

### 材料

**油酥挞皮**
- T45面粉200克
- 人造黄油100克
- 盐4克
- 水50克

**卡仕达酱**
- 牛奶750克
- 脂肪含量为35%的淡奶油250克
- 白砂糖200克
- 香草荚1个
- 玉米粉85克
- 鸡蛋100克

### 制作

**油酥挞皮**

将所有材料倒入电动打蛋器的搅拌槽中，用搅拌勾搅拌均匀。用擀面杖将面团擀成厚度为3毫米的挞皮，放入直径22厘米的圆形模具中。制作卡仕达酱期间，将挞皮保存在阴凉处。

**卡仕达酱**

在平底锅中，混合加热牛奶、淡奶油以及3/4的白砂糖。将香草荚横切为两半，将里面的香草籽刮出。将香草荚和香草籽都倒入牛奶中。将剩下的白砂糖、玉米粉和鸡蛋倒入搅拌槽中，充分搅拌，直至混合物颜色发白。加热淡奶油、牛奶和糖的混合物至沸腾，将一部分混合物浇在鸡蛋、白砂糖和玉米粉的混合物上，充分搅拌。将所有混合物倒入1个平底锅中，充分搅打使混合物变得柔滑、均匀。将奶油混合物倒在油酥挞皮上，放入烤箱中，260℃烤制20分钟，再用180℃烤制40分钟。

将蛋奶冻从烤箱中取出时，它要充分膨胀，颜色呈金黄色。在室温下冷却后脱模。将蛋奶冻放入盘中。品尝时，蛋奶冻应该是奶香浓郁，入口即化的。

# 柠檬故事

# LE CITRON

## 亚历克西斯·勒科弗尔、西尔韦斯特雷·瓦希德（双星糕点店）

ALEXIS LECOFFRE ET SYLVESTRE WAHID (GÂTEAUX THOUMIEUX)

**一位烘焙师和一位二星主厨：理想而美妙的二重奏**

亚历克西斯·勒科弗尔和西尔韦斯特雷·瓦希德认为，柠檬挞的味道应该要让每个品尝的人都能接受。他们的版本是没有挞皮，也没有饼干底的，而是用白巧克力外壳来代替。柠檬故事这款糕点的外形酷似水滴，丰盈又可人。内里包裹的是打发的柠檬甘纳许，掺有柠檬汁、柠檬皮，用的都是酸酸的黄柠檬。在最里面一层，包裹了绿柠檬果酱，加入了橙汁。内馅带来微酸又新鲜的香味，而甜味主要在外壳部分，真是出色的尝试，达到了一种油脂、甜味和酸味的完美平衡。最后用几颗柠檬鱼子酱作为装饰。整个糕点都诉说着柠檬的故事。

### 10块

**准备时间：** 1小时45分钟
**静置时间：** 36小时

### 材料

**打发的柠檬甘纳许**

- 明胶3.5克
- 淡奶油600克
- 黄柠檬皮10克
- 白巧克力（歌剧院巧克力集团协奏曲系列）175克
- 黄柠檬汁200克

**绿柠檬果酱**

- 绿柠檬30克
- 橙汁30克
- 白砂糖①40克
- 白砂糖②1小撮
- NH果胶1刀尖的量（没有果胶，其他可食用凝胶也可以）

**白巧克力外壳**

- 可可脂250克
- 白巧克力（歌剧院巧克力集团协奏曲系列）250克

**绿柠檬意式蛋白霜**

- 白砂糖315克
- 绿柠檬汁80克
- 蛋清105克

**装饰和收尾**

- 金粉足量
- 金箔足量

### 制作

**打发的柠檬甘纳许**

将明胶泡入冷水中。混合加热1/3的淡奶油和柠檬皮，沸腾后加入明胶，将混合物分两次浇在白巧克力上，混合搅拌。加入剩下的淡奶油，过滤。混合物变冷后，加入柠檬汁，充分搅拌，静置24小时后方可使用。

**绿柠檬果酱**

用刀将绿柠檬切成大块，放入搅拌器中搅拌。将橙汁、打碎的绿柠檬、白砂糖①放入平底锅中，加热混合物至50℃后，加入事先混合好的白砂糖②和NH果胶。继续加热，沸腾后将火调小，继续加热15分钟。冷却后在阴凉处保存。

**白巧克力外壳**

融化可可脂至45℃，将可可脂浇在白巧克力上，充分搅拌。巧克力的最佳使用温度为50℃。

**绿柠檬意式蛋白霜**

混合加热白砂糖和柠檬汁至110℃。打发蛋清。继续加热柠檬糖浆至121℃，将糖浆浇在蛋清上。搅打混合物，至蛋白霜能在搅拌棒上形成鸟嘴状。然后继续搅打让蛋白霜的质地变得更紧实。

**装饰和收尾**

将柠檬甘纳许倒入电动打蛋器的搅拌槽中打发，直至其能立在搅拌棒上。将甘纳许倒入带有裱花嘴的裱花袋中，挤在球形硅胶模具中，挤至模具的3/4处。用铲刀将甘纳许从中心拨向模具四周。将绿柠檬果酱倒入带有裱花嘴的裱花袋中，将10克果酱挤在模具中心。继续装填甘纳许，将剩下的1/4空间都填满。清理模具表面，冷冻12小时。冷冻好后取出，脱模。将签子插进冷冻后的甘纳许圆球中，将甘纳许球浸入可可脂和白巧克力的混合物中，再冷冻10分钟。然后将甘纳许圆球泡入蛋白霜中。您可以用叉子辅助去掉圆球上的签子。将甘纳许圆球放在盘中，用喷枪烤一下蛋白霜。撒上金粉，最后将金箔装饰在顶部即可。

# 黑芝麻方块蛋糕

# CAKE CUBE AU SÉSAME NOIR

雅恩 · 勒卡尔（微笑起舞糕点店）

YANN LE GALL (LES SOURIS DANSENT)

**“我是个有点儿懒惰的人，所以追求极致简约”**

雅恩非常喜欢日本，他也将日式风格用在他作品的造型上。在口味方面，他追求简单而令人安心的美味。在一次旅行中，他发现了这种极具亚洲风格的日式方块蛋糕。蛋糕里填满了香缇奶油，上面盖着一层巧克力。他十分喜欢，在其他地方从没有见到过这样的糕点。他的版本再现了传统烘焙的秘方，各种食材混合，带来的口感却是“柔软中的柔软，没有酥的感觉，也不是脆”。整个糕点的质感比较像舒芙蕾。黑芝麻口味是大众之选，一口吃下去，柔软立现，黑芝麻的浓香与轻柔的香缇奶油交汇。这款糕点轻巧柔软，特色鲜明。

## 8块糕点

准备时间：2小时　静置时间：30分钟
制作时间：36分钟

## 材料

泡芙酥皮
- 水95克
- 黄油35克
- 盐1/2小撮
- 面粉35克
- 可食用活性炭粉末5克
- 中等大小的鸡蛋4个

猫舌饼干
- 黄油膏50克
- 糖粉50克
- 蛋清50克
- 面粉50克
- 活性炭粉末1/2咖啡匙

黑芝麻卡仕达酱
- 牛奶250克
- 蛋黄2个
- 白砂糖32.5克
- 玉米粉22克
- 黑芝麻糊20克

黑芝麻香缇奶油
- 脂肪含量为35%的淡奶油150克
- 糖粉15克
- 黑芝麻糊1咖啡匙

装饰和收尾
- 黑芝麻粒足量
- 黑芝麻香缇奶油足量
- 螺旋形猫舌饼干8块

## 制作

泡芙酥皮

在平底锅中混合加热黄油、盐和水至轻微沸腾。离火后，加入面粉和活性炭粉末，充分搅拌均匀。重新加热烘干混合物1分钟，做成面糊，放入沙拉盆中。将打好的蛋液分多次加入面糊中，每次加入蛋液都要充分搅打。将面糊倒入带有裱花嘴的裱花袋中。在烤盘上铺上烤纸，在烤纸上放上8个5厘米见方的正方形模具。将面糊挤在模具中。在模具上方再盖1个烤盘。在烤箱中，180℃烤制30分钟。从烤箱中取出酥皮后，立即脱模，放在烤架上待用。

猫舌饼干

在沙拉盆中混合搅打均匀黄油和糖粉，然后加入蛋清、过筛的面粉和活性炭粉末。将混合物倒入没有裱花嘴的裱花袋中，直接剪去裱花袋的尖头。在烤盘上铺上烤纸，将面糊螺旋形挤在烤纸上。在烤箱中170℃烤制6分钟。

黑芝麻卡仕达酱

在平底锅中加热牛奶至沸腾。在沙拉盆中，混合搅打蛋黄、白砂糖、玉米粉和黑芝麻糊。将部分牛奶浇在混合物上。将混合物倒回放有牛奶的平底锅中，中火加热至微微沸腾，做成卡仕达酱。将卡仕达酱倒入深盘中，包上保鲜膜，冷藏30分钟。

黑芝麻香缇奶油

将冷的淡奶油和糖粉倒入电动打蛋器的搅拌槽中，搅打至奶油可以立在搅拌棒上。加入黑芝麻糊，小心地搅拌。放在阴凉处保存。

装饰和收尾

将卡仕达酱从冰箱中取出，放入沙拉盆中。倒入一些黑芝麻粒。搅打香缇奶油，让奶油松展开。将卡仕达酱装入裱花嘴直径8毫米的裱花袋中，给每个小方块填馅。在方块蛋糕顶部装饰上香缇奶油或猫舌饼干即可。

# 布列塔尼脆饼

## LE CROUSTI BREIZH

皮尔-玛丽·勒摩瓦诺

PIÈR-MARIE LE MOIGNO

### 布列塔尼饼的新式做法

2014年6月，皮尔-玛丽·勒摩瓦诺将餐饮业的运营模式带到布列塔尼的烘焙界来，这是她一直的梦想。她会像在餐馆里那样，根据市场、时令等因素，不断更换糕点的样式，更换“菜单”。皮尔-玛丽同时也在找寻一种新的制作布列塔尼饼的方式，推出一款更现代、更可爱的布列塔尼饼。布列塔尼脆饼，就是按照她自己的想法制作而成的。所有的制作流程都在特殊的模具中完成。古典与现代的结合让布列塔尼脆饼闪耀亮相：紧致的千层酥皮，松脆而布满焦糖。脆饼的厚度不同，质地也不同，有的松脆些，有的绵软些，感觉不同，口味互补。这正是主厨想要的效果。

### 30块左右的布列塔尼脆饼

准备时间：1小时　静置时间：2小时

制作时间：15分钟

### 材料

- 湿酵母7克
- 冷水270克
- 法国盖朗德地区出产的盐5克
- T45面粉450克
- 香草粉3克
- 融化的淡黄油20克
- 黄油330克
- 白砂糖150克
- 粗红糖150克

### 制作

用少量水泡开酵母。将酵母、水、盐、面粉和香草粉倒入电动打蛋器的搅拌槽中，慢慢搅拌。加入融化的淡黄油，用搅拌勾搅拌，让面团成型，不会粘在搅拌槽壁上。在阴凉处静置30分钟。

取出面团，用手掌挤压出空气。这样酵母就会和面团中的物质充分接触，进一步发酵。

将面团擀成1个大的正方形。**小贴士：**要在工作台上撒上适量面粉，这样面皮才不会粘住。将黄油放在面皮上，方形的黄油底部面积要比面皮小。用面皮把黄油包住，注意要把面皮完全捏合住。将面皮进一步擀开，长度要是刚才的3倍。将面皮旋转90度，面皮的两端都折向中心，再沿中心对折，折起的每一块大小要相同。将面皮放入冰箱冷藏30分钟。将面皮重新擀开。重复一遍刚才折叠、擀开的步骤。在擀好的面皮上撒上白砂糖和粗红糖，这样做出来的布列塔尼脆饼会有一丝焦糖的味道。再重复一遍将面皮叠好并擀开的步骤。将面皮冷藏30分钟，再将其重新擀开。

将面团制成直径5厘米的圆筒形，冷藏30分钟。把圆筒面团切成厚2毫米的薄片。将薄片放在铺有烤纸的烤盘上，让面皮在24℃进一步发酵。在烤箱中，以180℃烤15分钟。根据焦糖的颜色判断是否烤好。将脆饼放在烤架上，变温后即可品尝。

# 巴斯克蛋糕

# GÂTEAU BASQUE

## 杰拉德·鲁里耶（巴斯鲁尔的小磨坊蛋糕店）

GÉRARD LHUILLIER (LE MOULIN DE BASSILOUR)

### 巴斯鲁尔的小磨坊，芳香甜蜜的巴斯克蛋糕

“巴斯鲁尔的小磨坊”已经有80多年的历史了，它家制作的巴斯克蛋糕就像夏朗德的拖鞋一样，非常具有代表性。巴斯克蛋糕美味且从不过时。用农场新鲜牛奶和鸡蛋做成的卡仕达酱，由高品质小麦粉和玉米面粉做成的黄油莎布蕾，和醇香的朗姆酒共同构成了这款蛋糕经典不变的配方。这是连面包房的工作人员都不曾知晓的秘方。奶油巴斯克蛋糕或樱桃果酱巴斯克蛋糕，奏响巴斯克蛋糕花样又美味的乐章。杰拉德·鲁里耶是面包房的第三代传人，在这里他为我们带来传统巴斯克蛋糕的配方，这是适合您在家里制作的一款配方。如果想尝到正宗的，那您只能去比达尔镇啦。

### 4人份

准备时间：20分钟　静置时间：2小时

制作时间：40分钟

### 材料

酥皮

- 淡黄油120克
- 白砂糖200克
- T55面粉300克
- 泡打粉11克
- 盐3小撮
- 鸡蛋2个
- 棕色朗姆酒2汤匙

奶油

- 牛奶500克
- 鸡蛋3个
- 白砂糖125克
- T55面粉40克
- 棕色朗姆酒2汤匙

装饰和收尾

- 鸡蛋1个

### 制作

酥皮

在电动打蛋器的搅拌槽中混合搅拌黄油和白砂糖。加入面粉、泡打粉、盐、鸡蛋和朗姆酒，搅拌均匀后，将混合物揉成团。包上保鲜膜，冷藏2小时。

奶油

在平底锅中加热牛奶。在沙拉盆中混合搅打鸡蛋和白砂糖，直至混合物颜色变白。加入面粉并继续搅拌。待混合物变得均匀后，将其倒入装有牛奶的平底锅中。一边搅动，一边加热，直至混合物沸腾。继续加热三四分钟，并不停搅拌。平底锅离火，加入朗姆酒。将混合物倒入深盘中。包上保鲜膜保存。置于阴凉处。

装饰和收尾

给圆形蛋糕模具涂上黄油。将酥皮面团分为同等大小的2块。将面团的两端擀平，厚度为5毫米。将1块面团放入模具中，倒入温奶油（25℃左右），盖上另一块面团，去掉面团超出模具的多余部分。在碗中搅打鸡蛋，用刷子将鸡蛋刷在蛋糕上。用叉子给蛋糕上扎一些小洞。在烤箱中以160℃烤40分钟。取出蛋糕，待冷却后脱模即可。

# 好时光莎布蕾

## SABLÉS

菲奥纳·勒吕克、文森特·勒吕克、法提娜·法耶（好时光甜品店）

FIONA LELUC, VINCENT LELUC ET FATINA FAYE (BONTEMPS)

### 莎布蕾，指尖上的小蛋糕

在“好时光”里度过的时光多么惬意。人们总能沉浸在它那美丽的氛围里。菲奥纳和文森特在共同的理念下创立了他们的店铺，即一定要推出他们最喜爱的糕点，做出极致美味的奶油。“好时光”推出了让人难以抗拒的美味莎布蕾，覆盆子花瓣莎布蕾配上西西里柠檬，还有皮埃蒙榛子夹心酱，带来完全不同的美味体验。这种无法复制的美味令人欲罢不能。“好时光”的莎布蕾配方是保密的。莎布蕾轻巧又酥脆，奶油清甜又圆润。一切都符合“好时光”的风格。这里给大家展示的配方是家常制作配方，在这个食谱中汲取营养，开启您的探险之旅吧。

### 20多个小莎布蕾

准备时间：20分钟　静置时间：1小时
制作时间：15～20分钟

### 材料

- 黄油膏170克
- 糖粉60克
- 面粉200克
- 盐之花1小撮

### 制作

将黄油膏和糖粉放入圆底、半球形容器或搅拌器的搅拌槽中。用蛋刷或搅拌棒搅拌，制作出奶油。

加入面粉和盐之花，充分搅拌均匀（注意，面糊不要搅拌过了）。

**小贴士：**将面团夹在2张烤纸之间，擀开，这样面团不会粘住。面团厚度为5毫米。冷藏1小时。

用圆形切模在面皮上切出圆形。用直径更小的圆形切模在圆面皮中间切出圆形小洞。将做好的面皮放在铺有烤纸的烤盘上，在烤箱中以160℃烤15～20分钟即可。

# 浓香坚果莎布蕾

## LES NUSSCHNITTLIS

### 拉乌尔·梅德

RAOUL MAEDER

**阿尔萨斯的风情，藏在“内心”的香辛味**

拉乌尔·梅德的父亲来自阿尔萨斯，但他在烘焙中并没有一开始就想到要用家乡的特色。他起初在巧克力之家工作，当他希望制作一些在旅行中方便携带的糕点时，他想到了自己的家乡，阿尔萨斯。这种糕点中使用的莎布蕾酥皮在烘焙过程中充分膨胀，内里酥脆，咬进嘴里，仿佛还带来一丝温热。咀嚼释放了香味，一直绵延到喉咙里。香料是来自阿尔萨斯的珍贵遗产，发挥了关键的作用。人们就是为着这香料来的。拉乌尔·梅德从未厌倦推广这美味，所有配方都来自他的父亲。它就像人们心中的玛德琳蛋糕。

### 8块浓香坚果莎布蕾

准备时间：45分钟　静置时间：36小时
制作时间：30分钟

#### 材料

酥皮
- 糖粉40克
- 白砂糖40克
- 黄油80克
- 鸡蛋1个
- 盐1小撮
- 桂皮6克（1咖啡匙）
- 榛子粉20克
- 面粉200克
- 泡打粉1咖啡匙

覆盆子果酱
- 覆盆子果酱120克

坚果内馅
- 白砂糖100克
- 榛子粉18克
- 切碎的榛子18克
- 杏仁粉18克
- 切碎的杏仁18克
- 桂皮5克
- 蛋清50克

### 制作

酥皮

将所有材料依次倒入电动打蛋器的搅拌槽中，搅拌均匀后，揉出1个面团。包上保鲜膜，在冰箱中冷藏12小时。取出后，将面团擀成厚度为2毫米的面皮，放入几个模具中。

覆盆子果酱

给每块酥皮上抹上15克的覆盆子果酱。

坚果内馅

将所有材料倒入平底锅中加热，不停搅拌。在沸腾之前倒在莎布蕾酥皮上。在室温下干燥24小时。在烤箱中150℃烤30分钟。脱模后即可品尝。

# 香橙黑巧克力挞

# TARTE CHOCOLAT NOIR & ORANGE

吉勒·马夏尔（绍丹之家甜品店）

GILLES MARCHAL (MAISON CHAUDUN)

**和别人的预期完全不同，他突破了巧克力的界限**

绍丹先生的店铺一直延续着手工塑形的传统。吉勒·马夏尔接手几个月之后，这家店铺就因吉勒的独特风格而声名远播。两个人都是巧克力的狂热爱好者，毋庸置疑，他们碰撞出了精彩的火花。除了翻糖和漂亮的大理石镜面，巧克力挞的关键就是巧克力。绍丹先生没有重视糕点的部分，吉勒·马夏尔则以一个纯粹巧克力经营者的姿态，赋予了糕点新的生命。吉勒既注重糕点的味道，也注重糕点的外观，他欣赏那些做得像珠宝一样精美的糕点，一眼就让人无法移步。这款巧克力挞融合了以上两种优点：酥皮美味而金黄，还有巧克力的柔软和黑巧克力奶油霜的美味，糖渍香橙的微酸带来小惊喜，还有完美的巧克力镜面。经典永流传。

## 6人份

准备时间：1小时30分钟　静置时间：28小时
制作时间：25分钟

## 材料

### 挞皮

- 淡黄油150克
- 糖粉120克
- 细杏仁粉30克
- 鸡蛋1个
- 波本香草荚1/4个
- 精盐2撮
- 有机T45面粉300克

### 黑巧克力奶油霜

- 全脂牛奶125克
- 淡奶油125克
- 蛋黄2个
- 法芙娜加勒比可可含量为66%的黑巧克力190克

### 可可镜面

- 明胶10克
- 矿泉水180克
- 白砂糖200克
- 可可粉70克
- 脂肪含量为35%的淡奶油125克

### 装饰和收尾

- 糖渍香橙足量
- 索韦里亚香橙奶油足量
- 金箔足量

## 制作

### 挞皮

将黄油切成小块，加入糖粉和杏仁粉，轻轻搅拌，加入鸡蛋、香草荚、精盐和面粉，充分搅拌均匀。将面团夹在2张烤纸中间，擀成厚度为3毫米的面皮，在阴凉处放置2小时。给一个直径18厘米、高2厘米的圆形挞模涂上黄油。将面皮做成直径22厘米的圆形。将面皮铺在模具底部。去掉多余的部分，静置24小时。在烤箱中150℃烤25分钟。

### 黑巧克力奶油霜

混合加热淡奶油和牛奶至沸腾。将混合物浇在蛋黄上，制成英式奶油酱。加热奶油酱至83℃，不断搅拌，让奶油酱变得浓稠，能够裹在刮铲上。直接将奶油酱过滤在切碎的巧克力上，让巧克力融化1分钟。用刮刀搅拌，直至黑巧克力奶油霜变得柔滑、有光泽。

### 可可镜面

将明胶泡入水中。在平底锅中混合加热矿泉水、白砂糖、可可粉和淡奶油至105℃，不停搅拌，过滤，做成镜面淋酱。将明胶从水中取出，加入到热的镜面淋酱中。

### 装饰和收尾

将索韦里亚香橙奶油倒入带有8号裱花嘴的裱花袋中。将奶油挤在挞皮上，厚度为1毫米。放上一些块状的糖渍香橙，盖上一层黑巧克力奶油霜，冷藏1小时。加热镜面至35～38℃。从冰箱中取出挞皮。将可可镜面淋满挞皮。用抹刀去除多余的部分，并将表面修整光滑。将巧克力挞放在纸板上，用糖渍香橙和金箔装饰。冷藏后品尝。

# 迷迭香蛋糕

# ROSEMARY

## 娜塔莉・罗伯特、迪迪埃・玛特瑞（甜面包甜品店）

NATHALIE ROBERT ET DIDIER MATHRAY (PAIN DE SUCRE)

### “也许这样说有些过时，我们想像烹饪一样烘焙”

迪迪埃在皮埃尔・加奈尔餐厅工作了12年，娜塔莉在那儿工作了6年。他们精于搭配、装饰和融合，崇尚这种烹饪式的烘焙理念。“甜面包”也是这一理念的产物。这是一家非常重要的、有代表性的甜品店，从2004年以来，他们一直遵循这种理念，连甜品上的装饰都要精致规范。就如这款迷迭香蛋糕，我们看到只用了杏仁、迷迭香和覆盆子装饰。这款作品是他们精心工作的结晶，可能是第一款人们品尝后能理解他们真正特色的甜品。人们会惊奇于装饰用的迷迭香，而娜塔莉和迪迪埃会回答您，这并不是他们的发明，草本植物在果酱、果泥、甜酒中经常被使用。橙花的味道率先直抵上颚，大黄和杏仁味紧随其后，然后是覆盆子的微酸，再后是莎布蕾，最后……是迷迭香。

了不起的作品。

### 8人份

**准备时间：** 1小时　**静置时间：** 12小时

**制作时间：** 15分钟

### 材料

**杏仁迷迭香莎布蕾**

- 碎柠檬皮1/4个柠檬的量
- 切碎的迷迭香5克
- 黄油80克
- 糖粉40克
- 盐之花2克
- 面粉90克
- 杏仁粉40克

**大黄覆盆子迷迭香果浆**

- 明胶4片
- 食用大黄500克
- 覆盆子60克
- 白砂糖85克
- 迷迭香1枝
- 白巧克力20克
- 熟的布里欧修面包150克

**杏仁奶油糖浆**

- 明胶3克
- 全脂牛奶50克
- 杏仁甜牛奶100克
- 橙花水20克
- 打发的普通奶油160克

**装饰和收尾**

- 新鲜覆盆子足量
- 迷迭香足量
- 珍珠脆巧克力足量

### 制作

**杏仁迷迭香莎布蕾**

混合碎柠檬皮、切碎的迷迭香、黄油、糖粉和盐之花，充分搅拌均匀。然后加入面粉和杏仁粉做成面团。冷却30分钟后，压成边长18厘米的正方形。在烤箱中150℃烤15分钟。

**大黄覆盆子迷迭香果浆**

将明胶泡入冷水中。将迷迭香洗干净后切成1厘米长段。在平底锅中混合加热大黄、覆盆子、迷迭香和白砂糖，盖上锅盖，文火加热，熬成果泥。取出迷迭香，加入白巧克力、明胶后充分搅拌，室温下降温。在长18厘米、高5厘米的正方形模具中，放入迷迭香莎布蕾酥饼，将布里欧修面包捏碎，撒进去，压紧。倒入还是液体状的迷迭香果浆。放入冰箱冷却，使其凝固。

**杏仁奶油糖浆**

将明胶泡入冷水中。加热牛奶，然后放入明胶、杏仁甜牛奶、橙花水。加入打发的奶油，然后倒入上一步的方形模具中，在冰箱中冷藏几小时。

**装饰和收尾**

小心地给迷迭香蛋糕脱模。用热的刀将蛋糕切成9个方块。在每个方块上装饰上覆盆子、迷迭香和巧克力即可。

# 可斯密克千层慕斯杯

## KOSMIK MILLEFEUILLE

克里斯托弗·米沙拉克

CHRISTOPHE MICHALAK

**有趣又美味的可斯密克千层慕斯杯**

克里斯托弗·米沙拉克已经得到了烘焙界同仁的欣赏和尊重，但他仍然在不断创新，避免重复。如今，他引领了高端烘焙领域的风潮，注重糕点的口味、变化以及平衡。可斯密克千层慕斯杯历经两年才最终面世，刚开始克里斯托弗·米沙拉克希望将它打造成一种在街边即食的甜点。最终制作成形的慕斯杯不是简单地将甜点放进玻璃杯中，它注重奶油的叠层、达夸兹的蓬松、松脆的口感、搭配的顺序……一切就像在餐馆里制作一道精致的美食那样。

### 10个可斯密克千层慕斯杯

准备时间：1小时30分钟　静置时间：12小时
制作时间：1小时

### 材料

**咸焦糖片**
- 白砂糖120克
- 盐之花1.2克
- 法芙娜欧帕丽斯可调温专业白巧克力32克

**香草布丁奶油**

**卡仕达酱**
- 牛奶280克
- 香草粉6.6克
- 香草荚1个
- 顿加豆1/2个
- 蛋黄60克
- 白砂糖43克
- 吉士粉1.8克
- 精盐0.2克
- 黄油22.4克

**香草香缇奶油**
- 淡奶油174克
- 葡萄糖8克
- 转化糖浆8克
- 香草荚1.5个
- 精盐1克
- 茴香酒1克

**香草香缇奶油**
- 淡奶油416克
- 葡萄糖20克
- 转化糖浆20克
- 香草荚3个
- 香草粉2克
- 精盐1克
- 茴香酒1克
- 法芙娜欧帕丽斯专业可调温巧克力78克

**焦糖千层**
- 千层酥皮（40×60厘米）1片
- 糖粉足量

### 制作

**咸焦糖片**

将白砂糖倒入平底锅中，文火加热。当糖变为琥珀色时，加入盐之花。将咸焦糖放在烤纸上，混合搅打焦糖，得到碎的咸焦糖片。

**香草布丁奶油**

**卡仕达酱**

混合加热牛奶、香草粉、切开并去籽的香草荚、擦碎的顿加豆至沸腾。在沙拉盆中混合搅打蛋黄、白砂糖、吉士粉至混合物发白，倒入牛奶混合物中，过滤后重新倒回锅中，继续加热至88℃。加入盐和小块的黄油，让混合物冷却至35℃，放入冰箱冷藏。

**香草香缇奶油**

混合加热1/3的淡奶油、葡萄糖、转化糖浆、香草荚、盐、茴香酒至沸腾。盖上锅盖，让混合物继续沸腾10分钟。将混合物直接过滤并浇在巧克力上。用手持式带刀头的均质机进行搅拌，制成香草香缇奶油，放入冰箱冷藏2小时。用蛋刷打发冷的香缇奶油。用蛋刷搅拌卡仕达酱，再将卡仕达酱倒入打发的香草香缇奶油中。将做好的香草布丁奶油倒入带有裱花嘴的裱花袋中。在阴凉处保存。

**香草香缇奶油**

按照前面的步骤制作奶油，加入香草粉。用蛋刷打发充分冷却的奶油。将香草香缇奶油倒入带有裱花嘴的裱花袋中，在阴凉处保存。

**焦糖千层**

将千层酥皮夹在2张烤纸之间，放在烤盘上。再盖上1个烤盘，避免酥皮在烤制过程中过分膨大。将酥皮放入烤箱，170℃烤制35分钟。翻转烤盘，再烤8分钟。取下上方的那个烤盘，加糖粉，220℃再烤5分钟。将酥皮切成5厘米见方的正方形。

**装饰和收尾**

在每一个玻璃杯底部铺上12克的咸焦糖片。用带有裱花嘴的裱花袋挤出60克的香草布丁奶油，盖在焦糖片上。再挤入50克的香草香缇奶油。最后铺上方形的焦糖千层酥皮即可。

# 大黄野草莓奶酪蛋糕

## CHEESECAKE FRAISE DES BOIS & RHUBARBE

吉米·莫尔奈（巴黎柏悦酒店–旺多姆广场店）

JIMMY MORNET (PARK HYATT PARIS-VENDÔME)

### 利用到极致的水果，诱人的芳香

人们总是提出某些观点，却从不付诸实践。吉米·莫尔奈则言出必行，他提出“低糖”和“低脂”的理念，在烘焙中就真正地做到了这两点，连同糕点的外形也有所改变。在制作奶酪蛋糕时，如果要做到低糖和低脂，为了保持糕点的平衡，就不能保留这款蛋糕的原有外形。为了加入更多的水果，吉米以奶酪蛋糕为圆心，覆盖了满满一层野草莓。他喜欢野草莓的味道，它与其他品种的草莓都不一样，入口即化。品尝这款蛋糕时，首先触动味蕾的是大黄的微酸，接着是奶酪蛋糕的绵软，再后来是野草莓的新鲜。饼干的口味贯穿始终，给各种口味建起了完美的联系。一款水果蛋糕，真正的水果蛋糕。

### 6人份

准备时间：1小时30分钟
制作时间：1小时15分钟
静置时间：24小时

### 材料

棒子糖粉奶油细末
- 面粉40克
- 白砂糖40克
- 榛子粉40克
- 黄油40克
- 盐1克

蛋糕底
- 白巧克力20克
- 可可脂20克
- 榛子糖粉奶油细末140克
- 薄脆15克

奶酪蛋糕
- 明胶2片
- 费城奶酪250克
- 面粉10克
- 白砂糖80克
- 鸡蛋1个
- 蛋黄1个

大黄酱
- 食用大黄125克
- 香草荚1/2个
- 粗红糖20克
- 果胶1克

装饰和收尾
- 野草莓200克
- 糖粉足量

### 制作

榛子糖粉奶油细末

混合所有材料，反复揉搓均匀。将混合物夹在2张烤纸间，用擀面杖擀开。取下上方的烤纸，将混合物放入烤箱，160℃烤制15分钟。冷却后搅拌。

蛋糕底

混合融化白巧克力和可可脂。加入搅碎的榛子糖粉奶油细末和薄脆。将混合物擀开，厚度为5毫米，夹在2张烤纸之间，放入冰箱冷藏，再用直径6厘米的切模切出圆片。

奶酪蛋糕

将明胶泡入冷水中20分钟。混合所有材料。将明胶沥干水分，在烤箱中融化，再将融化的明胶倒入其他材料中。

大黄酱

在平底锅中混合加热切成小块的大黄、去籽的香草荚、事先混合好的粗红糖和果胶。小火加热至变成糊状的大黄酱。将大黄酱倒入直径2厘米的半球形模具中，冷冻。

装饰和收尾

将奶酪蛋糕糊倒在直径4厘米的半球形模具中，倒至模具3/4的高度。将冷冻好的大黄酱嵌进奶酪蛋糕糊中，在烤箱中以90℃烤1小时。整体冷冻后脱模。将2块半球形蛋糕，放在直径6厘米的圆形蛋糕底上。装饰一层野草莓。撒上糖粉即可。

# 香草百分百

## 100 % VANILLE

### 安奇洛·马沙（雅典娜广场酒店）

ANGELO MUSA (PLAZA ATHÉNÉE)

**为您带来美味、优雅和情感的享受**

安奇洛·马沙与雅典娜广场酒店合作无间，让人们不自觉地将二者联系在一起。安奇洛·马沙对烘焙有一种天生的敏感和热情，这让他制作的糕点总是完美得恰到好处。他讲究味道的平衡，不论是巧克力、香草或是水果。如果说要有什么冲突或不同，那也许是口感上的层次，至于味道，如果他要制作香草味的糕点，那么他就会只突出香草的味道。他的香草百分百就是一个例子。糕点带来香草的爱抚：香草饼干、香草杏仁脆片和盐之花、香草奶油和香草慕司。一口吃下去，浓郁的香草味四溢开来，先是香草慕斯的轻柔，再是香草奶油的浓香，最后是香草饼干和香草杏仁脆片，一系列的香味在盐之花的作用下延长、激荡，让人想要不断重温这种美味。

**4人份**

准备时间：2小时　静置时间：6小时
制作时间：35分钟

**材料**

香草杏仁脆

- 白杏仁102克
- 淡黄油7克
- 白巧克力65克
- 香草荚1.5个
- 盐之花1小撮
- 薄脆或小薄饼35克

香草饼干

- 杏仁粉75克
- 粗红糖45克
- 蛋清①30克
- 蛋黄40克
- 香草荚1个
- 香草萃取液4克
- 精盐1小撮
- 淡奶油20克
- 淡黄油63克
- 转化糖浆17克
- 蛋清②90克
- 粗红糖25克
- 面粉38克
- 泡打粉2克

香草慕斯

- 明胶2片
- 香草荚4个
- 淡奶油75克
- 白砂糖10克
- 蛋黄①40克
- 白巧克力118克
- 水40克
- 葡萄糖浆9克
- 蛋黄②40克
- 淡奶油178克

装饰和收尾

- 香草粉足量

## 制作

### 香草杏仁脆

将白杏仁放入烤箱，150℃烤20分钟，然后自然冷却。融化黄油和白巧克力。混合香草荚和盐之花。在多功能搅拌器中搅拌冷却的白杏仁，直至得到浓稠的杏仁糊。将白巧克力、黄油、香草荚和盐之花的混合物倒入杏仁糊中搅打均匀，然后倒入沙拉盆中。加入薄脆，用刮刀搅拌成薄脆糊。将薄脆糊铺开在两张烤纸中间，用擀面杖擀开，厚度为2毫米，放入冰箱冷藏保存至少1小时，使其结晶。

### 香草饼干

用刮刀在沙拉盆中混合杏仁粉、粗红糖、蛋清①、蛋黄、香草荚、香草萃取液和盐。在平底锅中加热淡奶油、淡黄油和转化糖浆。将热的混合物倒入沙拉盆中。在多功能搅拌器中打发蛋清②，一边打发一边加入粗红糖，打出的蛋白霜要非常柔滑。

再回到饼干的制作上来。用刮刀将1/3的蛋白霜倒入装有混合物的沙拉盆中。混合过筛的面粉和泡打粉，倒在混合物上，再小心地加入剩下的蛋白霜。用刮板将做好的饼干糊抹在铺有烤纸的烤盘上。在烤箱中以170℃的温度烤15分钟。饼干的颜色要变得金黄。将饼干从烤箱中取出，剥下包裹香草杏仁脆的其中1张烤纸，将这张粘着杏仁脆的烤纸铺在热饼干上。用手压一压，让薄脆和饼干充分结合。将饼干放入冰箱冷藏至少1小时。用切模将饼干切成多个直径4厘米的小圆盘。冷藏。

### 香草慕斯

将明胶泡入冷水中。将去籽的香草荚泡入热奶油中，浸泡20分钟，用滤器过滤。将白砂糖、蛋黄①加入到香草奶油中，用蛋刷搅拌。在平底锅中加热香草奶油混合物至82℃。加入明胶，充分混合制成英式奶油酱。将英式奶油酱浇在融化的巧克力上。用手持式带刀头的匀质机进行搅拌，让混合物质地变得均匀，得到香草甘纳许。让混合物自然冷却至30℃。在此期间，混合加热水和葡萄糖浆至沸腾，将混合物浇在蛋黄②上。将做成的蛋黄酱倒在多功能搅拌器的搅拌槽中，用搅拌棒打发，直至混合物彻底冷却。用搅拌器搅打淡奶油，直至奶油可以立在搅拌棒上。将1/3的打发奶油倒在冷却到30℃的香草甘纳许上。加入1/3的蛋黄酱，再加入剩下的打发奶油和蛋黄酱。

### 装饰和收尾

将4个直径8厘米、高5厘米的不锈钢环形模具放在铺有烤纸的托盘上。将香草慕司倒入每个环形模具中，倒至模具的2/3处。在每个模具中铺上1块圆形脆饼干。冷冻至少4小时。冷冻完成后，用手轻触模具，让模具变暖一点后脱模。将甜点放在盘子上，撒上香草粉。香草粉可以直接在商店买，或者在家里制作。在家里制作的话，需要提前1夜将香草荚放入烤箱烘干，再用多功能搅拌器搅拌成粉即可。

# 巧克力天使蛋糕

# ANGEL CAKE AU CHOCOLAT

尼古拉斯·帕西罗（德加勒王子豪华连锁酒店）

NICOLAS PACIELLO (PRINCE DE GALLES, A LUXURY COLLECTION HOTEL)

**“我的目标是让人们在品尝了我制作的糕点后，还想立即再尝一勺”**

尼古拉斯·帕西罗是一位烘焙大师，他的理念和很多烘焙师一样：烘焙，就是要将美味带到人间。视觉的美也很重要，但居于其次，而且讲究自然。当人们拿起勺子品尝时，一定是第一时间对其美味赞不绝口，这就是制作一切糕点的出发点。他为圣诞节制作了这款巧克力天使蛋糕。蛋糕的外形足以吸引您的目光，用勺子打开蛋糕，更加为之着迷：巧克力和蛋糕的柔软、在勺子上流淌的软心、美味又松脆的酥皮……对尼古拉斯来说，美味是浓郁的。

## 12块巧克力天使蛋糕

准备时间：1小时30分钟

制作时间：25分钟

静置时间：6小时15分钟

### 材料

**可可酥皮**

- 黄油450克
- 糖粉420克
- 蛋黄320克
- T45面粉800克
- 可可粉200克

**海绵蛋糕**

- 蛋黄65克
- 白砂糖①35克
- 水90克
- 葡萄子油45克
- T45面粉65克
- 可可粉20克
- 泡打粉2克
- 蛋清160克
- 白砂糖②40克

**巧克力奶油霜**

- 明胶9克
- 脂肪含量为35%的淡奶油960克
- 牛奶960克
- 蛋黄225克
- 白砂糖90克
- 法芙娜孟加里专业可调温巧克力675克

**巧克力镜面**

- 可可脂100克
- 法芙娜孟加里专业可调温巧克力100克

**装饰和收尾**

- 金粉足量

### 制作

**可可酥皮**

将黄油和糖粉倒入搅拌器的搅拌槽中，充分搅拌均匀。倒入蛋黄，继续搅拌。加入过筛的面粉和可可粉，充分混合。当面团质地变得均匀，不粘搅拌槽内壁时，停止搅拌。将面团包在2张烤纸中间，用擀面杖擀开。用直径5厘米的圆形切模切出圆片。在烤箱中，以170℃烤大约20分钟。

**海绵蛋糕**

在沙拉盆中混合蛋黄、白砂糖①、水和葡萄子油。将面粉、可可粉和泡打粉过筛后倒入前面的混合物中，充分搅拌。在搅拌器的搅拌槽中，用蛋刷打发蛋清。加入白砂糖②，让蛋清更紧实。将蛋清倒入前面步骤的混合物中，用刮刀搅拌。将所有混合物倒入布里欧修模具中。在烤箱中以165℃烤25分钟。取出后，让蛋糕自然冷却。用刮板给蛋糕脱模。用切模切出直径5.5厘米、高3厘米的圆形蛋糕。用直径2厘米的圆管在蛋糕中心处隔出1个贯通的小圆洞。

**巧克力奶油霜**

将明胶泡入冷水中。制作英式奶油酱：在平底锅中混合加热奶油和牛奶。在沙拉盆中混合搅打蛋黄和白砂糖，直至混合物发白。将部分沸腾的牛奶浇在发白的蛋黄混合物上。混合搅拌后，将其全部倒回平底锅中。文火加热，不断搅动，直至温度达到83℃，制成英式奶油酱。将热的英式奶油酱浇在切碎的巧克力上，制作出甘纳许。充分搅拌，让混合物乳化。给做好的巧克力奶油霜包上保鲜膜，冷藏6小时。将巧克力奶油霜倒入带有裱花嘴的裱花袋中，挤入圆形蛋糕中心直径2厘米的圆洞中。将剩下的奶油霜挤在海绵蛋糕四周，挤成小水滴状。冷冻15分钟。

**巧克力镜面**

隔水融化可可脂和巧克力。用热气喷枪以40℃将巧克力镜面喷在蛋糕表面上。

**装饰和收尾**

在蛋糕表面撒上金粉，将蛋糕放在碟子里即可品尝。

# 玛德琳慕斯蛋糕

# ENTREMETS MADELEINE

弗朗索瓦·佩雷（巴黎丽兹酒店）

FRANÇOIS PERRET (LE RITZ PARIS)

### 烘焙巅峰之作

丽兹酒店作为巴黎最高水准的酒店之一，它提供的甜点也保持着同样顶尖的水平。弗朗索瓦·佩雷的玛德琳慕斯蛋糕成了他的招牌和标志，这蛋糕让他痴迷，也为我们带来种种惊喜。其一，视觉上的惊奇感是这款蛋糕魅力的一部分，玛德琳慕斯蛋糕的外观同传统的茶点相似，又不尽相同。其二，蛋糕的尺寸与难以置信的绵软口感带来了一种反差。两者合一，给我们带来非同寻常的美味享受，就像两次登上珠穆朗玛峰之巅。品尝时，先用刀将玛德琳慕斯蛋糕横切开来，再用叉子插住一块蛋糕，蘸着香甜的焦糖板栗蜂蜜来吃，这样就能一次性品尝所有的美味。这是佩雷带给烘焙界的大胆的、富有创造力的、成功的新尝试。

### 3块玛德琳慕斯蛋糕（6人份）

准备时间：2小时　静置时间：12小时
制作时间：14分钟

### 材料

**香草糖浆**
- 水150克
- 白砂糖40克
- 波本香草荚1个

**萨瓦蛋糕**
- 鸡蛋120克
- 白砂糖110克
- 融化的黄油60克
- T45面粉80克
- 马铃薯淀粉40克
- 泡打粉4克
- 切碎的杏仁40克

**香缇奶油慕斯**
- 明胶1.5片
- 淡奶油380克
- 波本香草1克
- 卡仕达酱60克

**焦糖奶油霜**
- 明胶4克
- 洋槐蜜100克
- 板栗蜂蜜120克
- 葡萄糖浆150克
- 奶油550克
- 波本香草粉2小撮
- 蛋黄140克
- 牛奶巧克力200克

**金色表层**
- 可可脂200克
- 欧帕丽斯白巧克力200克
- 牛奶巧克力20克
- 橙色着色剂2克
- 金色闪粉足量

**巧克力表层**
- 可可脂125克
- 卡鲁帕诺巧克力105克
- 可可酱40克

## 制作

### 香草糖浆

将水和白砂糖倒入平底锅中，混合加至沸腾。关火后加入去籽的香草荚，盖上锅盖闷1小时。在阴凉处保存。

### 萨瓦蛋糕

在打蛋器中打发鸡蛋和白砂糖。加入融化的黄油。将面粉、淀粉、泡打粉混合过筛，倒入上一步骤的混合物中。给长12厘米、宽4厘米、高4厘米的玛德琳蛋糕模具里涂上少量油脂。将混合物倒入裱花袋，再挤入模具中。撒上切碎的杏仁。在烤箱中以160℃烤14分钟。取出玛德琳蛋糕，使其自然冷却。冷却后，用刷子将香草糖浆刷在蛋糕上。

### 香缇奶油慕斯

将明胶泡入冷水中。将1/3的淡奶油加热至微温，泡入香草，放入明胶。搅打卡仕达酱，使其变得柔滑。过滤热的奶油和明胶混合物，将其浇在卡仕达酱上。充分混合后，再过滤。打发剩下的2/3的淡奶油，放置待用。待混合物冷却后，倒入打发的淡奶油，在阴凉处保存。

### 焦糖奶油霜

将明胶泡入冷水中。混合加热蜂蜜和葡萄糖浆至150℃。将香草粉泡入热奶油中。将香草奶油掺入蜂蜜和葡萄糖浆的混合物中。将一小部分热的混合物浇在蛋黄上。**小贴士：**混合物的温度要在60℃以下，否则一浇上去可能会变成蛋饼。将蛋黄混合物倒入锅中，继续加热并不断搅拌。当混合物温度达到83℃时，停止加热。将明胶倒入热的混合物中。用手持式带刀头的均质机进行搅拌，过滤，制成焦糖奶油霜。将焦糖奶油霜倒入深盘中，包上保鲜膜，放在阴凉处保存。在比较小的玛德琳蛋糕模具（比叠层时的大玛德琳蛋糕模具要小一些）中，用刷子刷上一层牛奶巧克力。巧克力凝固后，挤上焦糖奶油霜，冷冻。

**小贴士：**对于吃货来说，多余的焦糖奶油霜是面包片的最佳伴侣，可以在一天中的任何时间享用。

### 金色表层

隔水加热可可脂和巧克力，加入着色剂和闪粉，充分混合并过滤。

### 巧克力表层

隔水炖加热所有材料，过滤。

### 装饰和收尾

在长12厘米、宽8厘米、高8厘米的玛德琳慕斯蛋糕模具中涂上香缇奶油慕斯。放上萨瓦蛋糕。抹上香缇奶油慕斯，让蛋糕表面变得光滑。将焦糖奶油霜涂在中心处，将香缇奶油慕斯涂在边沿处。将2块模具合住。冷冻12小时。取出后脱模。将玛德琳慕斯蛋糕扎在木签上。将金色表层和巧克力表层加热至45℃，将金色表层喷在蛋糕上方，巧克力表层喷在下方。将玛德琳慕斯蛋糕放在餐盘中。**小贴士：**如果您没有合适大小的玛德琳蛋糕模具，主厨建议您可以使用圆形慕斯蛋糕模具。比如制作萨瓦蛋糕可以用直径14厘米、高5厘米的圆形模具。最后叠层的时候可以使用直径16厘米的圆形模具。

# 西柚挞

# LA TARTE AU PAMPLEMOUSSE

雨果·普热（雨果和维克多蛋糕店）

HUGUES POUGET (HUGO & VICTOR)

## 一款漂亮优雅又精致的糕点

在米其林三星饭店盖伊萨沃伊工作时，雨果·普热已经在构想他自己的糕点店了。他幻想那里有一张真正属于他的甜品单。他制作的甜品尊重时令（无花果、黄香李、樱桃等水果上市时间都不超过三个月）和市场，灵感往往来源于传统美食，如圣蜡节的薄饼、忏悔节的油煎糖糕、复活节的彩蛋……他希望自己的店里有这些元素。2010年，他的构想成真了。他制作的这款西柚挞，带给人们很多惊喜。这是一款非常畅销的糕点，但它的推出也冒着一定风险，它有些酸，甚至还带着苦味。但这款西柚挞的优点和制作者的目的也很明显：莎布蕾酥皮松脆，奶油香浓，西柚奶油霜新鲜。首先是奶油带来柔滑，然后是西柚奶油霜带来出乎意料的平衡与美味。

### 6人份

准备时间：1小时30分钟
制作时间：28分钟
静置时间：8小时

### 材料

**莎布蕾酥皮**

- T45上等面粉88克
- 黄油53克
- 鸡蛋20克
- 盐之花2克
- 糖粉33克
- 杏仁粉12克

**奶油**

- 白砂糖66克
- 水10克
- 葡萄糖浆20克
- 鸡蛋33克
- 黄油100克
- 黄柠檬2个

**西柚奶油霜**

- 明胶3克
- 玫瑰色西柚汁100克
- 白砂糖75克
- 鸡蛋100克
- 黄油200克
- 橙皮4克
- 金巴利酒25克

**装饰和收尾**

- 粉红葡萄柚3千克

### 制作

**莎布蕾酥皮**

将面粉过筛。将冷黄油切成小块。在沙拉盆中，用手混合面粉和黄油，得到一种黏稠的粉状物。打1个鸡蛋，打好后称重，只要20克。将鸡蛋和盐之花倒入沙拉盆中，充分混合均匀后，第一时间倒入过筛的糖粉和杏仁粉。当混合物变均匀而柔滑时，揉捏出一个面团。给面团包上保鲜膜，在阴凉处放置至少5小时。取170克面团，用擀面杖擀薄。将擀好的酥皮放入直径20厘米的圆形模具中，在阴凉处保存。

**奶油**

将白砂糖、水、葡萄糖浆倒入平底锅中，加热至121℃。用电动打蛋器打发鸡蛋。保持打蛋器的速度为高速，将热糖浆浇在蛋液上。当混合物变温后，加入黄油块。当混合物变得柔滑而均匀时，停止搅拌。将奶油放在其他容器中，在阴凉处保存。取出酥皮，在烤箱中以180℃烤20分钟。充分混合奶油和用擦丝器擦碎的柠檬皮。将奶油倒入装有裱花嘴的裱花袋中，挤在酥皮上。放入烤箱，以190℃烤制七八分钟。

**西柚奶油霜**

将明胶泡入冷水中。在平底锅中混合加热西柚汁、白砂糖和鸡蛋。大火加热并充分搅拌，制作出柔滑的奶油酱，过滤。混合黄油、橙皮、金巴利酒和明胶，过滤好的奶油要直接浇在混合物上。搅动混合物，使其变得柔滑。在阴凉处放置两三个小时。

**装饰和收尾**

将西柚奶油霜倒入带有裱花嘴的裱花袋中。待挞皮冷却后，挤上西柚奶油霜，厚度为两三毫米。剥开葡萄柚，将果肉铺在酥皮上，铺成花环的形状。尽情品尝新鲜的美味吧。

# 柠檬巧克力果仁酱小老鼠糕点

## LA SOURIS PRALINÉ, CITRON & CHOCOLAT

伊奈斯·泰维纳尔德、瑞吉斯·佩罗（小老鼠和男人们糕点店）

INÈS THÉVENARD ET RÉGIS PERROT (UNE SOURIS ET DES HOMMES)

**在小老鼠和男人们糕点店里，有书，还有美味的糕点**

瑞吉斯和伊奈斯创立这家糕点店的初衷，就是让人们在阅读的同时也能品尝到美味的糕点。这家店像手工艺品店，像茶馆，又像书店，它不仅提供丰富的书籍，还有纯净又丰富的糕点供选择。小老鼠糕点是店里的招牌，果仁酱和柠檬的搭配制造出梦幻婚礼的效果，那么完美，那么不可分割。品尝时，第一口尝到的是饼干的酥脆和榛子牛奶巧克力慕斯的香浓，接着是柠檬软心带来的惊喜，让您沉醉其中，欲罢不能。

### 4~6个小老鼠糕点

准备时间：2小时 静置时间：12小时

制作时间：15分钟

### 材料

**牛奶巧克力镜面**

- 明胶3片
- 牛奶30克
- 淡奶油30克
- 葡萄糖浆100克
- 牛奶巧克力120克
- 无色镜面果胶200克

**榛子糖粉奶油细末**

- 红糖15克
- 淡黄油15克
- 面包专用面粉15克
- 榛子粉15克
- 盐之花1小撮

**薄脆果仁酱**

- 淡黄油6克
- 牛奶巧克力14克
- 家用果仁酱48克
- 薄脆24克
- 碎榛子8克

**柠檬奶油霜**

- 鸡蛋22克
- 白砂糖9克
- 柠檬汁9克
- 柠檬皮2克
- 淡黄油8克

**果仁酱奶油慕斯**

- 明胶1/2片
- 牛奶61克
- 蛋黄14克
- 白砂糖7克
- 果仁酱58克
- 淡奶油58克

**装饰和收尾**

- 牛奶巧克力足量
- 烘焙用小珍珠巧克力足量

### 制作

**牛奶巧克力镜面**

将明胶浸入冷水中。混合加热牛奶、奶油和葡萄糖浆至沸腾。将混合物浇在融化的巧克力上。加入明胶和无色镜面果胶。充分混合后过滤，冷藏保存。

**榛子糖粉奶油细末**

混合所有材料并擀开，厚度约2毫米。做出小老鼠的形状，然后放入烤箱，以150℃烤15分钟。**小贴士**：要提前将擀开的材料冷冻好，再用模绘板做出小老鼠的形状。

**薄脆果仁酱**

融化黄油和巧克力，加入其他的配料做成薄脆果仁酱。将其在榛子糖粉奶油细末上方擀开，厚度为1毫米，冷藏。

**柠檬奶油霜**

在平底锅中混合加热鸡蛋、白砂糖、柠檬汁和柠檬皮至微微沸腾。冷却至45℃后，加入黄油并搅拌，过滤后将奶油霜倒入模具中，形状为半球形，冷冻。

**果仁酱奶油慕斯**

将明胶泡入冷水中。制作英式奶油酱：在平底锅中加热牛奶至沸腾。在沙拉盆中搅打蛋黄和白砂糖直至混合物发白。将牛奶浇在混合物上，充分混合后，再倒回平底锅中。中火加热并不断搅拌，直至混合物变得浓稠并达到85℃，制成英式奶油酱。平底锅离火。将明胶倒入英式奶油酱中。将英式奶油酱浇在融化的果仁酱上。用手持式带刀头的均质机搅拌。加入淡奶油，打发至慕斯状。果仁酱奶油慕斯的最佳使用温度是30℃，要立即使用。

**装饰和收尾**

将果仁酱奶油慕斯倒在水滴状的模具中。放上半球形的柠檬奶油霜，再用果仁酱慕斯覆盖。放上盖有薄脆果仁酱的榛子糖粉奶油细末。冷冻12小时。给甜点脱模。在32℃的温度下使用牛奶巧克力镜面淋酱做镜面。最后用牛奶巧克力制作小老鼠的耳朵，用珍珠巧克力制作小老鼠的眼睛和鼻子。

# 史密斯先生

## MONSIEUR SMITH

### 菲利普·里戈洛

PHILIPPE RIGOLLOT

**一半水果，一半蛋糕，“史密斯先生”令人惊奇，吸引眼球**

菲利普·里戈洛在2007年为了参加法国最佳手工业者的评选，创作出了这款糕点“史密斯先生”。评选的主题是水果挞，而菲利普毫不犹豫地选择了苹果挞来参赛。带着对传统烘焙的敏锐嗅觉，他心中构想出一种生、熟水果的碰撞，一种视觉上的冲击。他的作品赢得了评委的肯定。菲利普认为，挑剔的专业评委都会爱上这种味道，那么大众也会喜欢。他回到店里几个月后，制作出了另一款粉红色的糕点——史密斯先生的夫人史密斯太太。从外边咬下去的时候，我们会感觉咬到一个脆苹果，但马上就袭来香草的绵柔，生、熟苹果果味的碰撞，然后是充满黄油浓香的酥脆挞底……不要被它的外表欺骗，简单的外观下包裹的是层次丰富的口感。

### 6个苹果挞

准备时间：2小时　静置时间：7小时
制作时间：27分钟

### 材料

**酥皮**

- 黄油65克
- T55面粉75克
- 马铃薯淀粉32克
- 杏仁粉13克
- 糖粉40克
- 香草荚1/2个
- 盐1克
- 鸡蛋24克

**杏仁奶油**

- 黄油25克
- 糖粉25克
- 玉米粉2.5克
- 杏仁粉25克
- 鸡蛋15克
- 朗姆酒5克

**苹果泥**

- 明胶2.5片
- 青苹果果泥120克
- 白砂糖12克
- 香草荚1/2个
- 青苹果115克

**香草香缇奶油**

- 脂肪含量为35%的鲜奶油118克
- 白砂糖7克
- 香草荚1/4个

**青苹果酒镜面**

- 无色镜面果胶150克
- 青苹果酒8克
- 浅绿色着色剂足量
- 黄柠檬着色剂足量

**装饰和收尾**

- 香草荚1/2个

### 制作

**酥皮**

将黄油压成膏状，加入所有的材料，充分搅拌均匀。将混合物揉成一个面团，包上保鲜膜，冷藏1小时。用擀面杖将面团擀成厚度为3毫米的面皮，将面皮放入直径8厘米的挞模中。放入烤箱，以150℃烤15分钟。

**杏仁奶油**

将黄油压成膏状，加入所有的粉状材料后混合。加入打好的鸡蛋和朗姆酒制成杏仁奶油。在事先烤过的酥皮上挤上一些杏仁奶油，再放入烤箱中，以175℃烤12分钟。取出后，放在烤架上冷却。

**苹果泥**

将明胶泡入冷水中。在平底锅中加热青苹果果泥、白砂糖、香草荚里的香草籽。将青苹果切成小丁。将明胶倒入果泥中，用手持式带刀头的均质机进行搅拌。加入苹果丁，在阴凉处保存。

**香草香缇奶油**

将冷的奶油、白砂糖和香草荚倒入搅拌器的搅拌槽中。充分搅打，直至奶油能在搅拌器上立起1个尖。将香缇奶油倒在模具中，模具的形状像苹果的上半部分，冷冻6小时。

**青苹果酒镜面**

加热无色镜面果胶，然后加入青苹果酒和着色剂。用手持式带刀头的均质机进行搅拌。理想的使用温度是30～35℃。

**装饰和收尾**

用苹果泥填满挞底。给香草香缇奶油脱模。用青苹果酒镜面制作光滑的外皮。将做好镜面的香缇奶油放在挞底上。插入1小段香草荚，做成苹果梗的样子即可。

# 度思迷迭香挞

## TARTE DULCEY ET ROMARIN

约翰娜·罗克斯（JoJo & Co糕点店）

JOHANNA ROQUES (JOJO & CO)

**位于阿里格尔市场中心，性价比极高的糕点店**

约翰娜是法国电视台的记者，但她脑子里却只想着糕点，关于开糕点店的念头一直萦绕在她脑海，最终她开始为自己的构想寻找适合的地点。阿里格尔市场？比起糕点店林立的马尔蒂尔街来说，也许这里不是很有名，但仍不失为一个恰当的选择。于是JoJo & Co在阿里格尔市场中心处诞生了。店里的招待很热情，友好又亲民。约翰娜是度思巧克力的狂热爱好者，她想用这种巧克力制作一款挞，于是她很快开始思考如何平衡巧克力过度的甜味。无糖的打发奶油是不错的选择，迷迭香的味道也能起到平衡的作用，澳大利亚坚果将您从迷迭香的气味中吸引过来，它是那么的美味。挞底烤得比较过，就是要让一环又一环的度思挞带来焦糖饼干的独特味道。

### 10人份

准备时间：1小时30分钟　静置时间：12小时
制作时间：15分钟

### 材料

**榛子莎布蕾挞底**
- 榛子粉7.5克
- 杏仁粉7.5克
- 糖粉45克
- 面粉115克
- 盐1克
- 黄油60克
- 鸡蛋25克

**度思甘纳许**
- 牛奶17.5克
- 淡奶油125克
- 法芙娜度思专业可调温巧克力250克

**迷迭香香缇奶油**
- 淡奶油125克
- 新鲜的迷迭香10克
- 马斯卡彭奶酪15克
- 糖粉1汤匙

**焦糖澳大利亚坚果**
- 水25克
- 白砂糖50克
- 澳大利亚坚果50克
- 盐之花1小撮

### 制作

**榛子莎布蕾挞底**

将冷的黄油切成小块。在搅拌器的搅拌槽中混合干性材料和黄油，搅拌后加入鸡蛋。当混合物呈面团状时，取出面团，放在工作台上，用手掌揉搓面团，让配料充分混合。包上保鲜膜，在阴凉处放置1小时。将面团擀开，做成一些直径8厘米的面皮，将面皮放入圆形模具中。将烘焙重石压在挞底上。放入烤箱，以180℃烤15分钟。

**度思甘纳许**

混合加热牛奶和奶油至沸腾。将热液浇在度思巧克力上。放置几秒钟后，用手持式带刀头的均质机搅拌。冷藏12小时。

**迷迭香香缇奶油**

混合加热奶油和迷迭香至沸腾。静置几分钟后将混合物倒入保鲜盒中，包上透明保鲜膜。冷却12小时后，用电动打蛋器打发，过滤后加入马斯卡彭奶酪和糖粉。

**焦糖澳大利亚坚果**

混合加热白砂糖和水至118℃。加入澳大利亚坚果。坚果裹上焦糖后，将其放在硅胶垫上。撒上盐之花。

**装饰和收尾**

在烤箱中加热度思甘纳许。将热的甘纳许浇在挞底上。将迷迭香香缇奶油倒入装有裱花嘴的裱花袋中。在度思甘纳许上方挤出1个香缇奶油球。叠上1颗焦糖澳大利亚坚果。最后点缀一些迷迭香即可。

# 葡萄柚修女泡芙

## RELIGIEUSE AU PAMPLEMOUSSE

### 多米尼克·萨布弘

DOMINIQUE SAIBRON

**对修女泡芙狂热的爱**

多米尼克·萨布弘热爱烘焙，比起讲求技巧的烹饪，他天生就更喜欢烘焙。修女泡芙是他的心头爱，两个大小不均却都丰盈美味的泡芙，让人爱不释手。它的香味随季节变化，都是100%的水果味。其中最美妙的就是这款葡萄柚修女泡芙，清新中带着一缕微酸，完美的二重奏。多米尼克的这款糕点，是他童年的回忆，永远不会忘怀。这款糕点魅力无穷，让人时时刻刻回味无穷。

### 6个修女泡芙

**准备时间：** 1小时30分钟
**制作时间：** 35~45分钟
**静置时间：** 3小时

### 材料

**脆饼干**

- 冷黄油60克
- 粗红糖50克
- 面粉50克
- 液态黄柠檬色着色剂足量
- 黑芝麻足量

**泡芙酥皮**

- 水100克
- 全脂鲜牛奶100克
- 黄油80克
- 盐4克
- 白砂糖4克
- 过筛面粉120克
- 鸡蛋175克

**葡萄柚奶油**

- 蛋黄5个
- 玉米淀粉浆40克
- 脂肪含量为35%的淡奶油175克
- 新鲜的葡萄柚汁325克
- 新鲜的柠檬汁5克
- 白砂糖75克

### 制作

**脆饼干**

在沙拉盆中，用手混合黄油和粗红糖，然后加入面粉、着色剂和黑芝麻，揉捏成面皮。将面皮夹在2张烤纸间，擀开，冷藏保存使其变硬。

**泡芙酥皮**

将水、牛奶、黄油、盐和白砂糖倒入平底锅中，加热至沸腾。将沸腾的混合物倒入电动打蛋器的搅拌槽中，并立刻倒入过筛的面粉。用搅拌棒充分搅打（1挡速度搅打5分钟，2挡速度搅打5分钟）。在用2挡速度搅打时，逐步倒入鸡蛋液。将部分混合物倒入装有15号裱花嘴的裱花袋中。在烤盘上挤出6个直径7厘米的大泡芙。将剩下的混合物倒入装有10号裱花嘴的裱花袋中，挤出6个直径3厘米的小泡芙。用切模在脆饼干上切出大小不同的2种圆形饼干。直径6厘米的是大泡芙饼干底，直径3厘米的做小泡芙的饼干底。将饼干底垫在泡芙下方。将泡芙放入烤箱中，大的190℃烤45分钟左右，小的190℃烤35分钟左右。

**葡萄柚奶油**

在圆底、半球形容器中混合搅拌蛋黄、玉米淀粉浆和10%的淡奶油。在平底锅中，混合加热剩下的淡奶油、葡萄柚汁、柠檬汁和白砂糖至沸腾。将一部分沸腾的混合物浇在蛋黄和玉米淀粉浆的混合物上，充分搅拌。将所有混合物重新倒回平底锅中，加热至沸腾，沸腾后继续加热两三分钟，并不断搅拌。给奶油包上保鲜膜，冷藏3小时。

**装饰和收尾**

将葡萄柚奶油倒入电动打蛋器的搅拌槽中，搅打至柔滑。然后倒入装有直径10毫米裱花嘴的裱花袋中，将奶油填入每个泡芙中。在每个大泡芙上面挤上花环状奶油。再放上小泡芙，在小泡芙的顶端挤上小花环形状的奶油即可。

# 香草戚风蛋糕

## CHIFFON CAKE À LA VANILLE

由纪子、索菲·索瓦日（糖果甜食甜品店）

YUKIKO SAKKA ET SOPHIE SAUVAGE (NANAN)

### 轻巧精致

由纪子和索菲是在皮埃尔·卡涅尔餐厅相遇的，她们很快一拍即合，想要创立自己的甜品店。这家店里的甜点充满了日式风情，不论是蛋糕、面包、甜酥面包还是火腿面包都融合了东西方的不同特点。这款香草戚风蛋糕不是店里最日式的糕点，也不是店主刻意推出的主打款。对于由纪子来说，这只是她经常制作的一种家常蛋糕，非常简单又具有个人的特色。品尝过的人都知道，这款戚风蛋糕比海绵还要柔软，浸透了浓浓的香草味，蛋糕外部包裹着一层薄薄的香草奶油，还有一层香缇奶油。也许就是这些特点，让人们都对它赞誉有加。

### 4人份

准备时间：1小时

制作时间：30分钟

### 材料

**蛋糕**

- 蛋黄60克
- 白砂糖60克
- 香草荚1个
- 植物油30克
- 水40克
- 面粉75克
- 蛋清120克
- 黄油1小块

**香缇奶油**

- 糖粉20克
- 脂肪含量为35%的鲜奶油200克

### 制作

**蛋糕**

搅打蛋黄和2/3的白砂糖至混合物发白。加入香草荚中的香草籽。一边搅拌，一边加入植物油和水。将面粉过筛，撒在混合物上，继续搅拌。打发蛋清和剩下的白砂糖。将打发的蛋清小心地加入到之前的混合物中。给1个直径16厘米的圆形戚风蛋糕模具涂上黄油。将模具放在铺有烤纸的烤盘上，倒入混合物。将烤箱预热到170℃，烤大约30分钟。取出后，翻转蛋糕，放置待用。

**香缇奶油**

将糖粉和冷奶油放在电动打蛋器的搅拌槽中打发。**小贴士：**当奶油可以在搅拌器上立起1个尖，就表示已经打好了。用香缇奶油涂满蛋糕表面。将部分奶油倒入裱花袋中，挤出小圆球作为装饰即可。

# 榛子巧克力布列塔尼莎布蕾

# SABLÉ BRETON CHOCOLAT ET NOISETTE

扬尼克·特朗尚（内瓦餐厅）

YANNICK TRANCHANT (NEVA CUISINE)

**“太雷同的柔滑会让人厌烦，我喜欢在蛋糕中集合多种口感。”**

内瓦餐厅不仅提供美味至极的菜肴，它也是汇聚各种美味糕点的神秘殿堂。扬尼克·特朗尚制作的糕点精致、美味又出众，不比任何巴黎糕点店里的糕点差。他在糕点制作中追求纯粹与真实，他的作品从头到尾都体现着这些标准：“当我们要在蛋糕中加入香草时，我们就加入真正的香草，不论制作什么都是一样。”草莓挞也是扬尼克·特朗尚的拿手之作，草莓和野草莓是这款糕点的主要原料。对于巧克力来说，也是一样，他凭借自己精湛的技巧，玩转巧克力的各种质地，做出不同凡响的巧克力挞来。最后的步骤仿佛一气呵成，丰富的层次尽在其中，慕斯、甘纳许、焦糖榛子、布列塔尼莎布蕾、盐之花等，所有的一切，静待您的品尝。

## 6块莎布蕾

准备时间：1小时　静置时间：4小时

制作时间：20分钟

### 材料

布列塔尼莎布蕾

- 黄油膏250克
- 糖粉100克
- 盐之花2克
- 杏仁粉40克
- 可可40克
- 蛋黄30克
- 面粉190克

巧克力香缇奶油

- 专业可调温巧克力100克
- 淡奶油200克

巧克力奶油霜

- 英式奶油酱500克
- 巧克力380克

装饰和收尾

- 烤榛子足量
- 碎蛋白霜足量

## 制作

布列塔尼莎布蕾

在电动打蛋器的搅拌槽中混合黄油膏、糖粉、杏仁粉、盐之花和可可，再加入蛋黄和面粉。搅拌成质地均匀的面团。将面团擀成厚度为0.5厘米的面皮，放入直径20厘米的圆形模具中，模具内要提前涂好黄油。放入烤箱，170℃烤20分钟。

巧克力香缇奶油

隔水融化巧克力。打发淡奶油至起泡。混合2种材料。将混合物装入带裱花嘴的裱花袋中，裱花嘴要带有凹槽。

巧克力奶油霜

将英式奶油酱倒入事先隔水融化的巧克力中，让混合物乳化，冷藏至少4小时。

装饰和收尾

用裱花袋在莎布蕾上挤出香缇奶油，制作圆形花饰，中间要穿插使用巧克力奶油霜制作圆形花饰，这样穿插开来整体会显得更加和谐。最后装点上烤榛子和碎的蛋白霜即可。

# 咕咕洛夫奶油圆蛋糕

## KOUGLOF

斯特凡·范德梅尔斯

STÉPHANE VANDERMEERSCH

**店铺里阿尔萨斯风味的咕咕洛夫奶油圆蛋糕，无可挑剔**

斯特凡·范德梅尔斯曾在皮埃尔·海尔梅的店铺工作，他在那几年学习的烘焙技巧让他制作的千层酥皮接近完美。斯特凡讲究传统，制作了很多的酥饼、千层和挞，直到有一天，他遇见了咕咕洛夫奶油圆蛋糕。斯特凡是在馥颂学到的这款糕点的制作方法。制作这款蛋糕的时候，他总是乐在其中。这款蛋糕的名字来自弗拉芒语，咕咕洛夫，本身就很有趣。他也谦虚地承认，他制作的咕咕洛夫奶油圆蛋糕与阿尔萨斯人的传统糕点不大相同，与传统的咕咕洛夫蛋糕相比，他的版本有更多黄油，更加湿润，也更加丰富，当然，自然更加美味。这似乎成了他的专属风格，柔软、甜蜜，黄油的香味四溢，干果酥脆可口，内馅入口即化……店铺里每周要制作600个咕洛夫奶油圆蛋糕，但他们仍坚持纯手工制作。美味恒久远，经典永流传。

### 4人份

准备时间：1小时　静置时间：14小时
制作时间：30～45分钟

### 材料

**波斯托克糖浆**

- 水500克
- 白砂糖75克
- 杏仁粉65克
- 橙花水45克

**咕咕洛夫酥皮**

- 面粉250克
- 白砂糖25克
- 盐5克
- 湿酵母10克
- 鸡蛋150克
- 橙花水8克
- 黄油膏135克
- 葡萄干100克
- 杏仁1小把
- 榛子1小把

**装饰和收尾**

- 液体黄油足量
- 糖粉足量

### 制作

**波斯托克糖浆**

在平底锅中，加热水和白砂糖至沸腾。加入杏仁粉和橙花水，使其自然冷却，放入冰箱保存。

**咕咕洛夫酥皮**

将面粉、白砂糖、盐、酵母和鸡蛋放入电动打蛋器的搅拌槽中，用第1档的速度搅打面糊4分钟。加入橙花水和125克的黄油膏。用第2档速度搅打6分钟。停止搅拌后加入葡萄干。用第1档速度继续搅拌均匀。在5℃左右的阴凉处保存12小时。

第2天，取出面团。将剩下的黄油膏抹在模具上。将一些完整的杏仁和榛子撒在模具底部。将面团捏成咕咕洛夫奶油圆蛋糕的样子。将面团放入模具中。30℃醒发2小时。

面团发起后，将其放入烤箱，180℃烤30～45分钟（具体时间取决于蛋糕的大小）。脱模后静置，使其自然冷却。

**装饰和收尾**

将烤好的蛋糕浸入液体黄油中，再浸入波斯托克糖浆中。沥干液体，轻轻撒上一些糖粉即可。

# M

## 吉田守秀

MORI YOSHIDA

### 日式精品与法式糕点的完美结合

似乎吉田守秀的甜点刚一出现，就迅速占据了巴黎人的心。吉田守秀店铺里的糕点实至名归，这都得益于他在烘焙中的严谨、用心和无尽的热情。他尝试过不同的糕点，从巧克力糖果到蒙布朗，再到小蛋糕和千层，每一种都那么精巧。他对糕点的口味也非常讲究。造型、自然的颜色、酸味、季节性都是他考虑的因素。“妙”这款糕点是吉田守秀的招牌之作，口感惊人地丰富，完美地平衡。枫糖奶油轻柔，含糖量恰到好处，巧克力枫糖慕斯恬淡、绵柔，橘子果酱清丽鲜明，榛子饼干糅合了野苣和榛子的味道，松脆、持久，极尽美味。真是一款唯美的糕点。

### 4人份

准备时间：2小时30分钟　静置时间：12小时
制作时间：20～25分钟

### 材料

**榛子海绵饼干底**
- 榛子粉93克
- 杏仁粉56克
- 糖粉93.5克
- 鸡蛋112克
- 蛋清①50克
- 面粉30克
- 黄油75克
- 蛋清②62.5克
- 白砂糖35克

**榛子酥**
- 白砂糖45克
- 黄油37.5克
- 葡萄糖浆15克
- 淡奶油11克
- 完整的榛子100克

**柑橘粒**
- 小柑橘5个
- 白砂糖50克

**枫糖焦糖奶油**
- 枫糖34克
- 淡奶油112克
- 蛋黄37克
- 粗红糖12克
- 明胶2克
- 掼奶油42克

**枫糖巧克力慕斯**
- 掼奶油102克
- 枫糖22克
- 淡奶油45克
- 蛋黄18克
- 粗红糖11克
- 法芙娜圭那亚专业可调温巧克力57克

**巧克力镜面**
- 法芙娜圭那亚专业可调温巧克力46克
- 榛子酱14克
- 淡奶油125克
- 转化糖浆17克
- 白砂糖14克
- 枫糖糖浆17克
- 明胶4克

**装饰和收尾**
- 法芙娜吉瓦纳专业可调温巧克力足量

## 制作

### 榛子海绵饼干底

混合榛子粉、杏仁粉和糖粉，过筛。将粉状混合物倒入电动打蛋器的搅拌槽中，倒入鸡蛋和蛋清①，打发混合物。打发的同时，将面粉过筛。将黄油放入大碗中隔水融化。制作紧实的蛋白霜：将蛋清②倒入电动打蛋器的搅拌槽中，用打蛋棒搅打出丰富的泡沫，一点一点地加入白砂糖，制成蛋白霜。取1/3第一步的混合物，使用蛋刷将混合物倒入融化的黄油中。用刮刀将过筛的面粉倒入剩下的2/3的混合物中。将所有材料全部掺在一起，小心地搅拌成饼干糊。在长40厘米、宽30厘米的烤盘上铺上烤纸。放上1个方形模具。将饼干糊倒入方形模具中。放入烤箱，170℃烤20分钟。饼干冷却后脱模，小心地取下方形模具和烤纸。用木头蛋糕模具将饼干切成长条形。将饼干底放在烤架上。

### 榛子酥

将白砂糖、黄油、葡萄糖浆放在1个大平底锅中，中火加热，直至混合物颜色变为漂亮的棕色。加入热的淡奶油并混合。**小贴士**：奶油必须是热的，这样可以避免配料因温差而溢出。加入榛子，充分搅拌后放在铺有硅胶垫的烤盘上。放入烤箱，160℃烤20～25分钟。当榛子酥冷却后，将其放在案板上，切成1厘米见方的小块，放置待用。

### 柑橘粒

将小柑橘洗净、去皮，切成小丁，放在平底锅中，加白砂糖，加热至沸腾，充分搅拌，避免糊底。使其自然冷却。将混合物倒入带有裱花嘴的裱花袋中，在阴凉处保存。

### 枫糖焦糖奶油

将枫糖倒入平底锅中，加热直至产生出焦糖。倒入热奶油，融化焦糖。在碗中，用蛋刷混合搅打蛋黄和粗红糖，直至混合物发白。将1/3的枫糖焦糖倒在蛋黄和粗红糖的混合物中。搅拌，并将混合物倒回平底锅中，充分搅拌直至混合物质地变得像英式奶油酱一样，也就是说，当我们将勺子放入混合物中时，混合物要能够包裹在勺子上。平底锅离火，加入事先泡软的明胶，混合搅拌。让枫糖焦糖混合物的温度下降到10℃。用电动打蛋器打发掼奶油。不要打得太过，奶油还要有足够的泡沫。当枫糖焦糖混合物的温度下降到10℃时，小心地加入打发的奶油，立即使用。在木头模具中铺上长15厘米的塑料保鲜膜。在模具底部均匀地铺上一层柑橘粒，再铺上一层枫糖焦糖奶油。不要填满模具，留下一半的空间。冷冻至少6小时。脱模后继续冷冻保存。

### 枫糖巧克力慕斯

用电动打蛋器打发掼奶油，奶油质地不要太硬。在平底锅中加热枫糖，得到焦糖后用淡奶油融化焦糖。在碗中混合蛋黄和粗红糖。像制作英式奶油酱那样，将1/3的枫糖焦糖倒在蛋黄和粗红糖的混合物中搅拌，并将混合物倒回平底锅中。充分搅拌直至混合物质地变得像英式奶油酱一样。将奶油浇在巧克力上，使其乳化。最后，小心地将掼奶油加入到巧克力奶油中，立即使用。将长15厘米的木头蛋糕模具洗净，铺上塑料保鲜膜，倒入枫糖巧克力慕斯。将冷冻好的焦糖奶油放在枫糖巧克力慕斯上。均匀地撒上一些小块的榛子酥。盖上海绵饼干底，注意要压紧一些，让饼干底与慕斯充分贴合，冷冻至少6小时。

### 巧克力镜面

将巧克力和榛子酱放入大碗中。在平底锅中加热淡奶油、转化糖浆、白砂糖和枫糖糖浆。平底锅离火，加入事先泡软的明胶并充分搅拌。将奶油一点一点地浇在巧克力和榛子酱的混合物上，就像制作甘纳许一样。用刮刀进行搅拌，使混合物乳化，放置待用。

### 装饰和收尾

加热镜面至26℃。充分搅拌使其质地变得均匀。给冷冻好的慕斯甜点脱模。取下保鲜膜，将甜点放在烤架上，烤架下方放1个托盘。将镜面均匀地浇在甜点上。轻轻敲打烤架，让多余的镜面流下。将做好的慕斯甜点放在盘中，用可调温的巧克力制作巧克力装饰。在镜面未完全凝固之前，将巧克力装饰物小心地摆在甜点上方。

# 榛子巧克力蛋糕

# CAKE CHOCOLAT NOISETTE

## 母亲糕点店

À LA MÈRE DE FAMILLE

### 无可替代的永恒之美

它一定有个关于美味的秘密。母亲糕点店创立于1761年，是巴黎第一家巧克力店、糖果店。巧克力、糖果、果仁夹心糖、小杏仁蛋糕、饼干、蛋糕、冰激凌、果仁酱、糖渍水果……它就像一本关于甜食的魔法书，但它又是那么真实地存在着。这里的糕点尽是经典款，古老、怀旧、让人难以抗拒。美味的松鼠蛋糕中弥漫着杏仁和焦糖榛子的味道，外面包着店铺里制作的巧克力，是理想的典范。这款榛子巧克力蛋糕就是基于传统的食谱制作而成，蛋糕是完美的，配料也是完美的，完美的蛋糕搭配完美的巧克力和焦糖榛子，带来近乎完美的享受。来母亲糕点店吧，这里带给您的永远是最好的，就同往常一样……

### 6人份

准备时间：20分钟　制作时间：45分钟

### 材料

蛋糕

- 去皮榛子100克
- 鸡蛋3个
- 白砂糖100克
- 淡奶油110克
- 蜂蜜60克
- 可可含量为70%的黑巧克力45克
- 面粉100克
- 泡打粉6克
- 杏仁粉60克
- 可可粉16克
- 融化的黄油60克

### 制作

压碎榛子。混合搅打鸡蛋和白砂糖直至混合物发白。加热奶油和蜂蜜，至混合物微微沸腾，加入巧克力融化。混合搅拌均匀，倒入白砂糖和鸡蛋的混合物，再加入面粉、泡打粉、杏仁粉和可可粉。加入融化的黄油和80克的榛子。在蛋糕模具里铺上烤纸，将面糊倒入模具中，并撒上剩余的榛子。放入烤箱，200℃烤5分钟。切开蛋糕的顶部。将蛋糕重新放入烤箱，155℃烤40分钟。取出后脱模即可。

拉斐尔·马夏尔（Raphaële Marchal）在读完企业管理硕士课程之后，从事了多年与美食烹饪有关的工作。2014年，她开通了博客enrangdoignons.fr，同年创立了自己的第一家公司。她担任过杂志的美食记者，也做过美食传播学老师。在与美食杂志《烘焙狂人》合作多年之后，沉醉在美味糕点世界中的拉斐尔，终于推出了她的图书处女作。

# 致　谢

感谢朱莉·马蒂厄（Julie Mathieu），感谢她从一开始就给予我的信任，没有她，我不可能写出这本书。
感谢穆里尔（Muriel）和克莱尔（Claire），感谢她们的支持。
感谢父母对我的爱。
感谢劳拉·马丁（Laure Martin），感谢他的付出和乐观。
感谢罗曼（Romain）的耐心。
感谢朋友们对我的信任。
感谢尼古拉斯（Nicolas）。
感谢所有的烘焙师们，感谢他们的善意、友好和慷慨。
感谢雷切尔（Rachael），感谢托马斯（Thomas）。
感谢斯特凡（Stéphane）和他善良的心。
感谢家人的爱，感谢我的达尼（Dany），感谢她的爱与温柔。
感谢摄影师大卫·博尼耶（David Bonnier）、安托尼·佩施（Antoine Pesch）和卡米尔（Camille），
感谢他们的坦率和温和。
感谢所有和我一起工作过的人，我是那么幸运。
感谢这些主厨们和他们丰富的宝藏。
感谢玛丽·鲍曼（Marie Baumann），在她的努力下我才得以完成这本书。